对我来说，设计并不是有关装帧、图解或修饰物件的。

设计是为了改进和创造价值。

菲利普·阿佩罗

中国书籍设计网
bookdesign.artron.net

书籍设计 Book
DESIGN

封面字体设计：朱志伟

主办｜中国出版协会装帧艺术工作委员会
编辑出版｜《书籍设计》编辑部
主编｜胡守文
副主编｜吕敬人
副主编｜万　捷

编辑部主任｜符晓笛
执行编辑｜刘晓翔
责任编辑｜马惠敏
设计｜刘晓翔＋张志奇＋张申申＋王洋
监制｜胡　俊
印装｜北京雅昌彩色印刷有限公司
出版发行｜中国青年出版社
社址｜北京东四12条21号　邮编｜100708
网址｜www.cyp.com.cn
编辑部地址｜北京市海淀区中关村南大街17号
韦伯时代中心C座603室　邮编｜100081
电话｜010-88578153　88578156　88578194
传真｜010-88578153
网址｜bookdesign.artron.net
E-mail｜xsw_88@126.com

图书在版编目（CIP）数据

书籍设计 . 7/ 中国出版协会装帧艺术工作委员会编 .
—北京：中国青年出版社，2012.9
ISBN 978-7-5006-9826-5

Ⅰ.① 书... Ⅱ.① 中... Ⅲ.① 书籍装帧—设计Ⅳ.
① TS881

中国版本图书馆 CIP 数据核字（2012）第 227245 号

定价：48.00 元

书籍设计

7

Book
DESIGN

中国出版协会装帧艺术工作委员会 编　　中国青年出版社

艺理论说 006-063

不官、不商，有书香
——范用的书籍设计

汪家明

1953 年生于青岛市；18 岁入伍，从事舞台美术工作；

1978 年入大学中文系读书，毕业后做了两年中学教师；

1984 年到山东画报社工作，后任总编辑；

主持创建山东画报出版社，

提出"一本书主义"、"图文并茂，高品位的通俗读物"的出版思路，

策划并参与编辑了《图片中国百年史》《老照片》等图书；

2002 年到三联书店任副总经理、副总编辑，

策划出版了"细节阅读"、"中学图书馆文库"、"艺术人文"等丛书，

以及龙应台作品系列，并主持编辑出版 Lonely Planet 旅行指南系列丛书；

在山东画报出版社和三联书店一直分管书籍设计工作；

曾任第七届全国书籍设计奖评委；

2011 年到人民美术出版社工作，现任社长。

1

范用先生去世，转眼两年了。现时的生活节奏如此急促，人人自顾不暇，他似乎已被落下很远很远，远到要完全看不见了。当然，对三联书店的同仁和喜爱三联书的读者而言，范用的故事仍在，与他无法分开的《傅雷家书》《随想录》《干校六记》《读书》等一大批书刊仍在，可是，对他留下的诸多文化遗产的研究还没开始，书籍设计就是其中之一。

20 世纪八九十年代，中国文化开放，西风东吹，其势强劲。初始的情况很有些像 20 年代五四运动以后的中国，"新文艺的一时的转变和流行，有时那主权是简直大半操于外国书籍贩卖者之手的。来一批书，便给一点影响"（鲁迅 1929 年语）。小说方面，卡夫卡、马尔克斯、米兰·昆德

范用先生在家中（2008）

拉、福克纳、罗伯·葛利耶等对中国作家的刺激；绘画方面，塞尚、凡·高、蒙克、达利、巴尔蒂斯、小弗洛伊德等对中国画界的颠覆，都是人所共知的。书籍设计艺术却有些不同，西方作用并不明显，倒可见出日本的影响。其原因，一是某种机缘，几位后起的书籍设计艺术家均曾去日本学习，师从杉浦康平、菊地信义等，回国后，又借助几家老牌出版社的平台，造成较大阵势；二是日本的东方情调似易为中国普通读者接受。如果细究，也许还有第三个原因，就是，那些年我们的出版界，并未给予书籍装帧足够的重视，无论是西方作用还是日本影响，不过是"个别人"关心的事情。

这"个别人"中，有一位就是于前年秋初仙逝的三联书店老领导范用。他当领导时有个习惯，凡喜欢的书稿，总是自己设计封面，或提出明确的设想（画出铅笔草图），交给

美编制作。这些书的封面印出后，他都会留下一份整张的、未裁切的大样，贴在硬纸板上保存。久而久之，就有了一大摞（几十种）。

其实范用从 1938 年在汉口进入读书生活出版社做练习生时，就开始设计封面了。那时他只有 15 岁，经常被派去艺术家（如胡考、丰子恺）那里"跑"封面。有时候要得急，艺术家就当着他的面赶画。他看得津津有味，回去就偷偷学着设计起来。一次，出版社的黄洛峰经理看到了，随口称赞几句，这给了他极大的鼓励。以后有的封面就叫他设计。他设计的第一个封面是《抗战小学教育》。1948 年，范用在上海，三联书店的二线单位骆驼书店出版一批外国文学名著，许多封面都由他设计（那时书店人员极少，其实连编辑校对工作他也做了不少）。雨果《巴黎圣母院》的封面字，是请黄炎培先生题写的；高尔斯华绥《有产者》

1

3

4

2

范用作品

5

的封面字是从碑帖中集的。1949 年 9 月，范用被调到北京工作。1951 年三联书店并入成立不久的人民出版社，在社内保留一个三联编辑部。范用任副社长后，就主动要求分管三联编辑部。他还分管出版社的美术组，美编设计了封面，都要经他终审才能发稿。

20 世纪八九十年代，三联书店大量出版人文社科类图书，在全国造成深远影响。这也是范用设计封面最多的年代，他那富有书卷气、简洁朴素、高雅大方、巧妙多变、极有个性的设计风格同样影响深远。三联的书籍设计风格就是在此时形成的。宁成春主持三联书店美编室多年，继承了范用设计精神并发扬光大；为三联设计了大量书籍的陆智昌，虽然来自香港，可是他很心仪范用的设计，他的设计精神与范用契合；其后三联美编室的罗洪、张红、海洋、蔡立国等，基本上一脉相承，我则担任了把关终审职责。

大家一心，三联书店书籍设计一直影响着中国出版界。说到底，这都是范用先生的余泽啊！记得我曾向他请教一套丛书的做法，他嘱我："设计封面时，一定要鲜亮些，用纯色！"我想，也许是他看到西方书籍设计的长处，才这样说。宁成春回忆，1996 年，他和吕敬人等 4 人搞了一次书籍设计展，范用看后给他写信说："我希望不要忽视民族特点……你们 4 位如果可以成为一个学派，是否可以说，这一学派源于东洋？我看过西方如德、法的一些书装，其特点是沉着、简练（无论是用色还是线条），似乎跟中国相近。"

2

"简练"正是范用的书籍设计理念之一。他曾对朋友说："巴金先生的文化生活出版社，他印的书，译文丛刊，

6

7

8

扬州文化谈片
韦明铧

读书文丛

扬州文化谈片
韦明铧

生活·读书·新知
三

译余废墨
董乐山

9

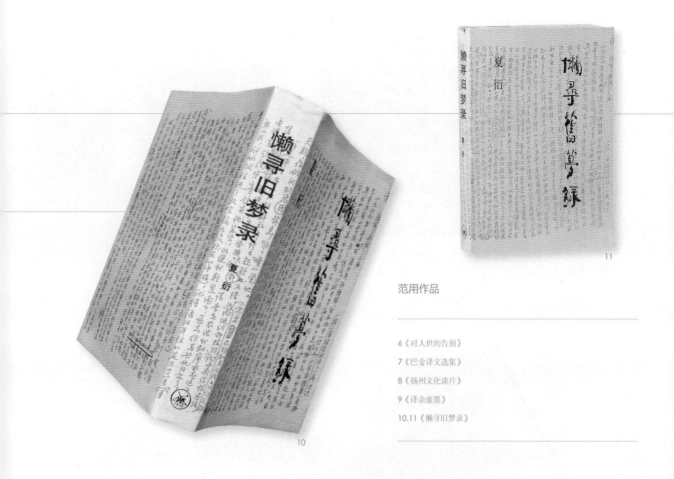

《死魂灵》的封面就只有黑颜色的三个字；文学丛刊，曹禺的《雷雨》《日出》，封面简简单单，除了书名、作者名，没有更多的东西。一直到现在，也还觉得非常好。"他认为，"学术著作、文学作品，要有书卷气……文化和学术图书，一般用两色，最多三色为宜，多了，五颜六色，会给人闹哄哄浮躁之感。"

范用设计过一套文化人自述小丛书，如《干校六记》[杨绛]、《雪泥集》[巴金]、《天竺旧事》[金克木]、《牛棚日记》[陈白尘]等，封面用不规则的两种颜色画出一个方框，框内选用木刻植物图案，书名排黑体字，作者名用手写体，总计只有一黑一彩两色。这套书封面的植物图案来自一本他收藏的美国画册，请美术编辑描摹下来再制版。还有一套"今诗话"丛书，随手画一个不整齐的方框，横跨封面，封底，在框内也似随意摆上书名、丛书名和作者

签名，红、黑、灰三色，别致、大胆、大气。我们常说"文如其人"、"画如其人"，这套书的设计，则可说是"设计如其人"——我分明看到设计背后，范用先生那自信、自如的神态，甚至看到了他那自得的微笑。

范用特别擅长在设计中借用作者的手迹，比如"读书文丛"[三联书店]，共10多本，每本封面选用作者的手稿，一行行错落排开，横排的像扯开的风，竖排的像斜落的雨，有动感，又很文气。他还根据法国版画集包封上的一个图案，请宁成春改了一下，作为这套书的标志，是"一位裸体少女伴随小鸟的叫声在草地上坐着看书"。手迹和标志，一动一静，有变化，又和谐。巴金的《随想录》、陈白尘的《对尘世的告别》和夏衍的《懒寻旧梦录》等书的封面，则把作者整页手稿布满封面、封底和书脊，以浅灰色印刷，形成底纹效果；书名也用作者手迹，但以重色突出。这种设

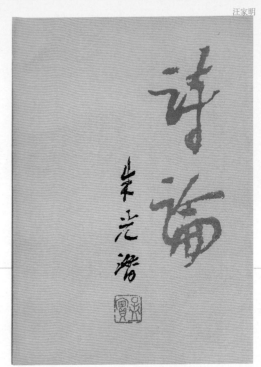

鲁迅先生设计的封面《华盖集续编》　　鲁迅先生设计的封面《萌芽月刊》

鲁迅先生设计的封面《引玉集》

计可谓琢磨透了作者珍爱自己心血结晶的心理。怪不得巴金看了高兴地说："真是第一流的纸张、第一流的装帧！是你们用辉煌的灯火把我这部多灾多难的小书引进'文明'书市的。"

要说范用使用文字做封面设计最得意的，还是朱光潜的《诗论》。学术书很难设计，常常是拿了一本书却想不出办法，只好用颜色，争取不呆板。《诗论》没有靠颜色，而是把朱光潜手稿中两个蝇头小字放大几十倍作为书名，作者签名也是手书，再加一枚作者的图章，几乎把封面占满了。朱光潜对这个设计很满意，那枚图章刻的是他的别名"孟实"，见范用喜欢，就说："你喜欢，拿去。"范用大喜，这是对他设计的褒奖。

依我看，范用设计封面和扉页，爱用文字，有个特殊原

范用作品

13

因：他不是画家，不擅长绘事。其实，这也是鲁迅先生设计封面的特点之一，比如《华盖集续编》《萌芽月刊》乃至外国木刻集《引玉集》等。20 世纪三四十年代，文字设计在中国书籍设计中有很重要的地位，产生了许多杰作。汉字原本就是象形文字，具备绘画因素，以汉字设计封面，有先天艺术优势。可惜近年来，由于电脑文字的冲击，中国的文字设计艺术日见衰微。反过来说，这也正是范用设计风格中值得学习的地方。

3

"不看书稿，是设计不好封面的。"这是范用书籍设计理念的另一个要点。他讲过一个故事：有人设计黄裳《银鱼集》的封面，画了六七条活生生的鱼。设计者没看书稿，望文生义，不知道这"银鱼"是书蛀虫，即蠹虫、脉望，结果闹了笑话。

范用爱书，也爱关于书的书。"三联书店出版书话集，在装帧上是用了一点心的。书话集总得有书卷气，这 10 来本书话集，避免用一个面孔，连丛书的名称都不用，只是从内封面可以看出是一套书。《西谛书话》，郑振铎先生不在了，封面请叶圣陶先生题写书名，叶老对我的请求从不拒绝。这一本和唐弢的《晦庵书话》的封面，请钱君匋先生设计，使这套书有个好的开头，这也遂了愿。至于内封面，则采用同一格式，印作者的原稿手迹，这也费了一点力。叶灵凤《读书随笔》，从香港找来一张《香港书录》目次原稿；《西谛书话》找到一张郑振铎先生《漫步书林》目录手稿；其他黄裳、谢国桢、杨宪益、陈原、曹聚仁、冯亦代、杜渐、赵家璧书话集，都承作者本人题签，或由家属提供。"1988 年，范用编了一套三本叶灵凤的《读书随笔》。书出

版时，叶灵凤已经去世 13 年了。范用早年在香港时见过叶灵凤，大家都骂叶是汉奸文人，因为日本人占领香港时，他没离开，还在报上发表有关文艺知识的小文章。范用喜欢那些小文章，认为叶灵凤不是"汉奸文人"，而只是个"文人"，文人要吃饭，只好写文章。这三本书的原始资料，是叶灵凤的夫人交给范用的报纸剪报，上面有叶灵凤修改的地方。范用亲自选编、设计封面，一本用绛红色，一本用灰蓝色，一本用米黄色，主图都是比亚兹莱的画，颇有西书风味。因为叶灵凤喜欢比亚兹莱，而且书中介绍最多的是外国书。

《编辑忆旧》是赵家璧回忆 30 年代编辑生涯文章的结集，封面选用西方线刻画《播种者》，以红色印在满版黑底儿上；扉页选用一页作者写在方格稿纸上的手稿，目录前还选登了一些木刻画——是正文内容的插图。范用自己说，这个封面设计"算是大胆，甚至出格"，但如今看来，整本书内外气韵统一、味道浓厚，未读正文已先有感觉。像这样自己编辑、自己设计的书，范用做了很多。由于吃透了书稿，设计时得心应手，形式与内容交相呼应。

4

"书籍要整体设计，不仅封面，包括护封、扉页、书脊、底

封乃至版式、标题、尾花，都要通盘考虑。"这是范用书籍设计理念的第三个特点，也是特别具有前瞻性的一点。在整个 20 世纪八九十年代，一般出版社的书籍设计者，都只设计封面，正文版式则由出版部门的技术人员制作。如此，只是为书籍穿衣服，而未将书籍看作一个有生命的整体。

范用能有这样的前瞻性，关键在于他是一位真正的爱书人，"爱屋及乌"，爱书的内容，也爱书的每一个细节、角落。这方面的代表作当然是《北京乎》。此书副题是"现代作家笔下的北京，1919—1949"。这可算是一本唯美的书：封面书名是启功写的，封面画是邵宇画的，封面两枚图章是曹辛之刻的。邵宇是人民美术出版社社长；曹辛之是老三联的美编，还是著名的诗人。封面画内容是老北京的建筑。图章一为"姜德明编"，一为蛇的图案——曹辛之属蛇。封面上连三联书店的店名都没有，只在书脊印一个标志。不为别的，只为这个封面上实在没法再加任何东西了。这在三联书店的出版史上是少见的。正文简体字竖排。扉页、"编者的话"和目录页均采用中国传统信笺样式，加红色线框和竖线。全书排字取下齐：扉页、目录沉在页面下半部；"编者的话"上空四字，正文每篇文章首页右空四行，上空十字……

范用设计封面时，是把整个封面打开考虑，如此，从左至

范用作品

14《编辑忆旧》

15《编辑忆旧》扉页

16《编辑忆旧》目录

17《北京乎》

18.19《北京乎》内页

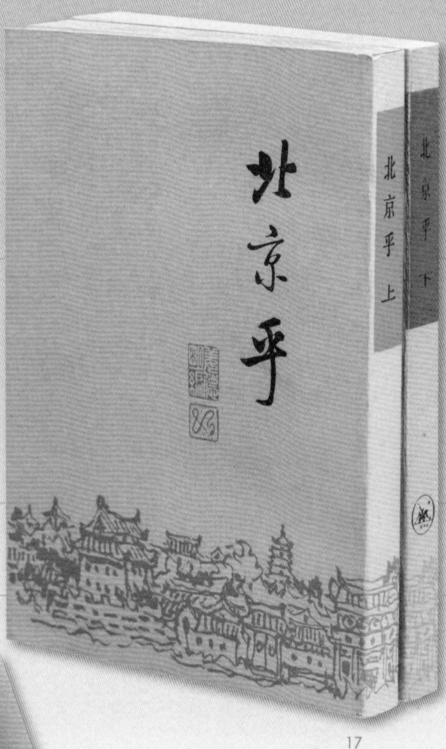

17

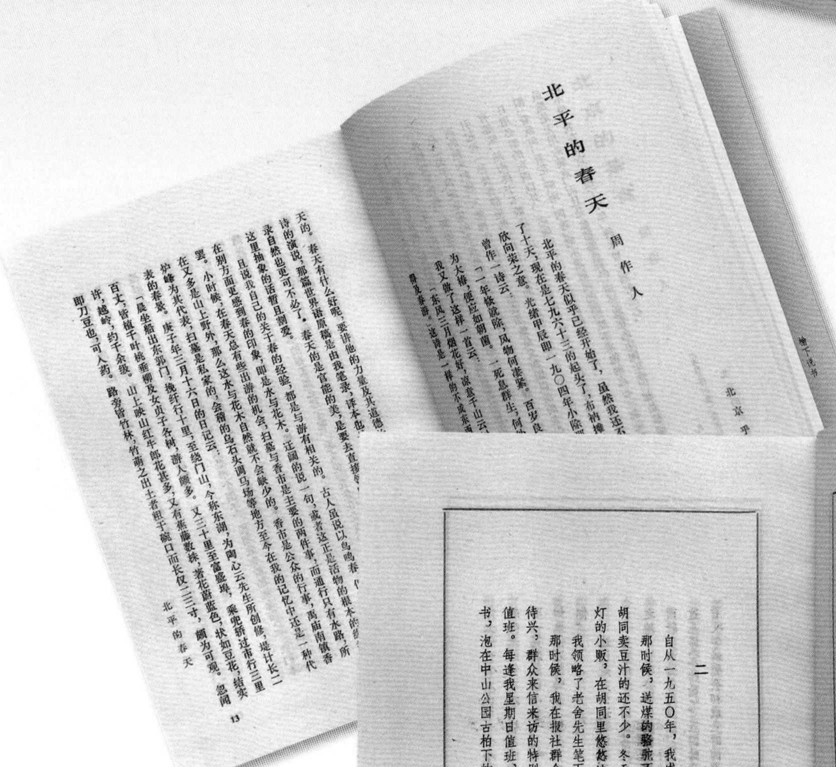

18

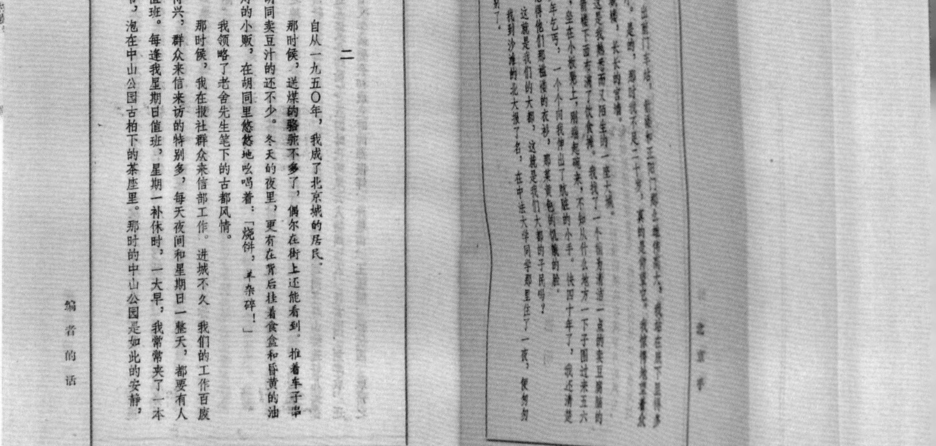

19

范用作品

右，后勒口、封底、书脊、封面、前勒口，五部分一目了然。如果用色，他会巧妙地安排好哪部分用，哪部分不用，绝不会浪费这个颜色。他特别重视勒口和封底的设计，总要加上一些文字内容。他认为这是给读者提供信息的最好位置，而且经过排列文字，书也更加美观。其实，这是范用的设计充满书卷气的一个重要因素。他从 20 世纪 80 年代初就在勒口和封底编排设计作者简介、内容提要和其他图书目录等信息，在当时可谓开风气之先，影响了三联书店的图书面貌，也影响了全国出版界。他还擅长巧妙安排三联店标，或在封面，或在书脊，或在封底的正中，或在条码定价之上，是他设计时的重要元素。

范用从来不会忽视扉页［内书名页］设计，但同样坚持简洁、美观、高雅的原则，一般只有书名、作者和出版社社名，最多加一两条线，或者印一个色。他设计的目录页，

章节题目与页码之间，常用一种宽舒连缀的粗圆点，独一无二，被美编们称为"范用点"。内文版式更是体现他的书卷气的关键部位。一般情况，他喜欢版心小、天头大，看上去疏朗赏心的版式。其他如字体、字号、字距、行距、书眉、标点、页码等，无不精心设计，甚至版权页也不放过。如果正文末尾有空白页，他则会设计一些图书广告。他设计广告讲究版面对称，有时煞费苦心，反复修改广告文字，使之一字不差地占满设定的空间。

5

范用的设计作品，后来出了一本《叶雨书衣——自选集》，我是责任编辑。"叶雨"是范用的笔名，"业余"的谐音，说明他设计书籍都是业余工作。《叶雨书衣》的设计者是陆智昌。他花了很大力气，放弃了我提供的图片，重新拍摄，

23

22

《叶雨书衣》陆智昌设计

力求突出这些作品的书卷气和厚重感。设计封面时，他的思路卡住了，由于急着发印，灵机一动，把范用设计的曹聚仁《书林新话》的封面照搬过来，才找对了味儿。过后陆智昌跟我说："范先生的设计，每一种都有独创性，这首先与他是一位编辑高手，对内容的把握超过常人是分不开的，但也与他'不专业'、无框框拘束有关，表现的都是真性情、大智慧。"

说到独创性，不能不提及范用为1991年《读书》设计的封面。满版砖红的底色上，用粉笔斜着写了一个"1991"，然后把要目印在其上，有一种三维的立体感，简单、新奇，一派天真。

"简练，巧用文字设计"；"设计者要读懂书的内容，做到内容与形式的统一"；"整体设计，关心书这个六面体的每一个细节和每一个角落，把书视为有机的生命体"——这三条，再加上"独创性"，就是我理解的范用书籍设计的真谛了，而如果要用一个词儿概括他的设计风格，那就是"书卷气"。无论是范用先生本人，还是他交往的朋友、他喜欢的书、他编辑的书、他设计的书，一言以蔽之，都浸透了书卷气。舍此，就没有"范用风格"或"三联风格"。这"书卷气"是三联书店之宝，潜移默化地熏染着每一位后来者。所以杨绛才会说，三联书店"不官、不商，有书香"。但愿后人能够认识这股"气"的价值，不让它在天空中散去。

谨以此文纪念范用先生逝世两周年。

京北　嘉铭桐城

2012-9-2

24

25

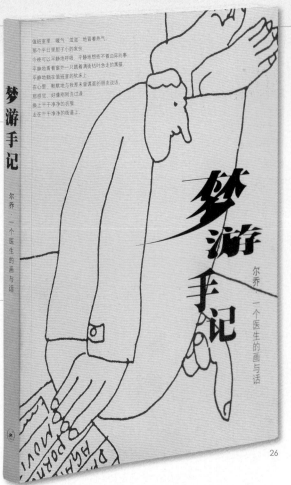

26

三联书店书籍设计作品

敏感者
——一个知识分子画家的叙述
郁 戈

MINGAN
YIGEZHISHI

生活·读书·新知 三联书店

钱锺书集

围城

围城

纳托

Natuo

一天·诗人·天空

诗歌·雕塑与绘画

Natuo
纳托
一天·诗人·天空
诗歌·雕塑与绘画

学术前沿   THE FRONTIERS OF ACADEMIA

古典时代疯狂史

Histoire de la
à l'âge

[法] 米歇尔·福

E FRONTIERS
OF ACADEMIA
FRONTIERS
THE FRONTIERS
OF ACADEMIA
THE FRONTIERS
OF ACADEMIA

生活·读书·

画梦重温

纸上精灵   20世纪30年代的漫画明星

做好设计：让形式成为书籍内容的一部分

张志伟

《梅兰芳藏戏曲史料图画集》书籍设计获 2004 年德国莱比锡"世界最美的书"金奖

《汉藏交融》书籍设计获第二届中国出版政府奖

《中国民间剪纸集成——蔚县卷》获第十八届香港印制大奖全场金奖

《天朝衣冠》获第十八届香港印制大奖包装设计冠军

《散花》书籍设计获第七届全国书籍设计展最佳设计

《诸子精华集成》书籍设计获第四届全国书籍装帧艺术展二等奖

《世界名画家全集》书籍设计获第五届全国书籍装帧艺术展铜奖；首届中国平面设计大展一
等奖

"红罂粟"丛书书籍设计获第五届全国书籍装帧艺术展铜奖

《冷冰川》书籍设计获第十一届全国美展优秀奖

《悲歌》书籍设计获首届全国南北装帧论坛评奖一等奖

《东瀛美文之旅》《散花》《7＋2 登山日记》等分别获"中国最美的书"奖

中央民族大学美术学院教授、
装潢设计系副主任、研究生导师。
1987 年中央工艺美术学院
（现清华大学美术学院）毕业，
曾任河北教育出版社美编室主任。

已不记得什么时候开始，接到的设计邀约由电话、传真、初稿校样、设计通知单或直接面谈，变成了电子文件（邮件或光盘）。反复推敲的设计过程和与编辑、作者的沟通也多依靠网络。设计方案制作成电子文件，经过数码技术生成的菲林或 CTP 流程，到数字印刷系统，直至印装成一本本带有油墨芳香的书，数字技术伴随着图书出版的大部分环节。

环保和能源稀缺的原因，使纸张价格变得不再平易近人，加之数字媒体的冲击，纸质书籍的发展空间明显被压缩，纸质书籍的拥趸们忧心忡忡，甚至有设计师在纠结：平面设计死了吗？物化呈现的书籍形态，使书籍具有了真实的存在感。纸质书籍丰富的表现力，多样的形式感，与读者的感官交互，都是真实存在的。书籍是人类的良师益友，我们的生活与书籍密不可分，捧书阅读已成为一种常态的生活方式，割断与纸质书籍的感情纽带，彻底改变甚至抛弃一种生活方式是不可能的。作为书籍设计师，我们希望自己的设计通过书籍与读者亲密接触，产生互动，在传播知识、启迪心智的同时，情感上产生共鸣，得到美的享受，使自身的社会价值得到体现。

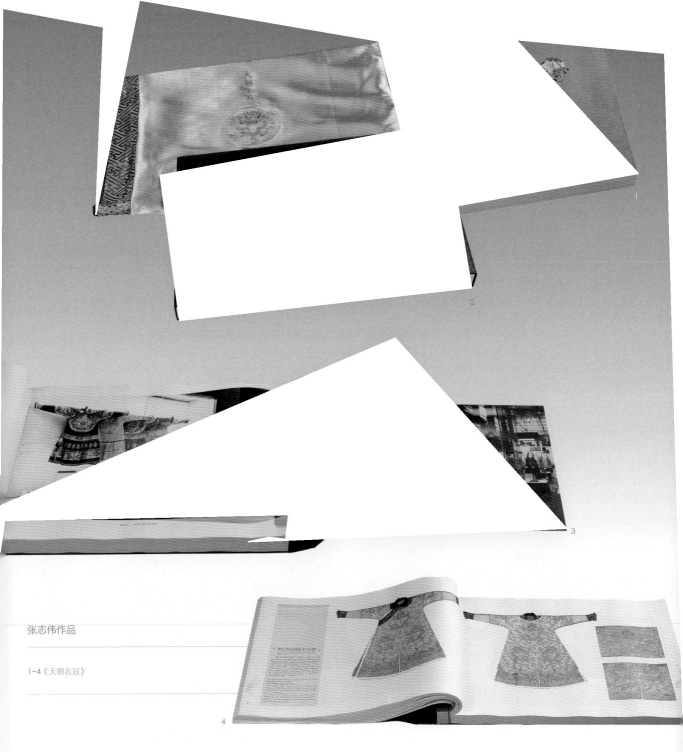

张志伟作品

1~4《天朝衣冠》

4

对纸质书籍的未来，有一种观点认为纸质书籍将来会是艺术品，是奢侈品，是收藏品，是精美的礼品，是普及艺术教育的工具。那么显而易见的是，纸质书籍会受环保、传播方式及成本的制约，物化呈现的数量逐步减少，只有那些历史价值和艺术价值很高并且适合纸媒体传播的书籍，才会以"最美的"纸质书形式脱颖而出。"高质量"的书籍内容对设计形式要求也会越来越高，只有那些充分体现内容的"好设计"才能与其匹配，因为脱离了打动人的"好设计"，即便是用昂贵装帧材料和复杂工艺"武装"起来的书籍，充其量只具备文本阅读功能，无法与同内容的电子书相抗衡，因为后者成本低廉、容量巨大并携带方便。

试想一下，面对同样内容的电子文本和精美图书，我们会选择直接阅读毫无形式感的电子文本吗？书和好书的价值是什么？书和知识是人类进步的阶梯，而更好体现其价值的书籍设计形式会使读者感受到内容的形象升华，好内容再加上好的设计形式，伴随着信息的延伸，感染力的渗透、冲击，趣味性的吸引，读者会触"景"而生情感怀，充分享受阅读的快乐，不知不觉中内容与形式已融为一体。

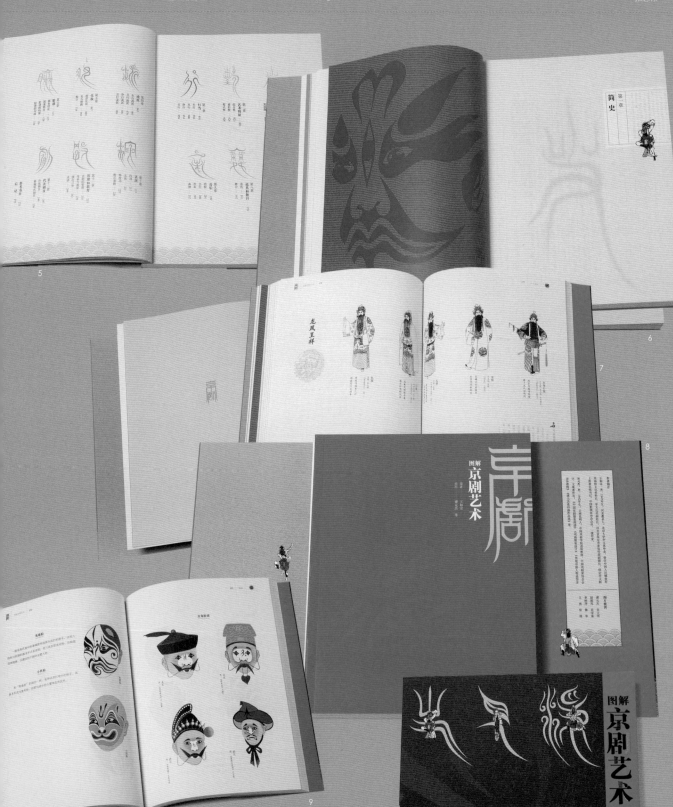

张志伟作品

5~10《图解京剧艺术》
11.12《绘事后素》

11

12

形式传承：具有生命力的书籍设计形式

从古至今的书籍发展历史，可以佐证形式与内容（功能）的关系，经典的内容由适应时代审美的形式衬托，共同推进了人类文明的进程。作为设计师的我们有时对书籍内容不一定能全部记忆清楚，但对每一次形式的变革，都会记忆犹新，那些凝聚着读书人、爱书人、藏书人和做书人共同智慧的书籍装帧形式，与内容一起成为人类历史的珍贵遗产，具有无限的生命力，至今还影响着人们的阅读，以这些形式装帧的古典名著，更是让版本学家、文献学者和书籍收藏者魂牵梦萦的艺术品、收藏品。

以中国为例，伴随着造纸术、印刷术的发明，卷轴装、经折装、旋风装、梵夹装、蝴蝶装、包背装、线装，这些历朝历代流传下来的书籍形式，直到今天还是设计师的灵感源泉，只不过是有了新的书籍内容，出现了新的印装材料和工艺，但形式却历久弥新。从前些年举国重视的北京申奥手册，到国家古籍善本工程中的《四库全书》《食物本草》《茶经》等，都能在书籍形态上发现传承和创新设计的痕迹。

提起国外的宗教书籍和大百科全书，会联想到古老的羊皮书，那经手工打磨的羊皮封面，烫压上精致的图案和文字，甚至镶嵌上珠宝，一种神圣感自然而然散发出来；内文字体风格多样，装饰华丽，有些还是手绘图案，色彩斑斓，细腻华美，让我们惊叹不已。而今一本带书衣的古籍，更是藏家竞相争抢的珍品。我曾走进欧美的一些古籍书店和图书馆，书架上那一排排散发着书香气味的古董书，营造出仿佛置身于大教堂内的那种庄严、肃穆的气氛，我心跳加速。虽然读不懂外文，但我还是抑制住兴奋小心翼翼地翻看着，轻声感叹自己正在触摸西方的书籍历史，感觉书里书外都有威廉·莫里斯和谷腾堡的影子。这些代表西方古典书籍装帧形式的羊皮书和这种符号化的形式，在我这个东方人看来，条件反射会与古老的西方文明及意大利文艺复兴联系起来。

鲁迅先生对书籍的呈现形式要求极高，他汲取西方的先进理念，从内文的字体、字号、行距到封面的构图和色彩，强调书籍的整体韵味。在《呐喊》《引玉集》《小约翰》等书籍的装帧设计上，创造了新文学的书籍设计语言，尤其在进行《呐喊》的设计时，更是酝酿已久，胸有成竹，准确地体现了作品内在的精神气质：压抑在小面积方形内置于封面正中的书名和整体的红色，从文字、版面布局到色彩，蕴藏着巨大的爆发力和感染力，是内容与形式的完美结合。

在国内出版界，提到《朱熹榜书千字文》，脑海中会首先想到的是吕敬人先生设计的吸收传统并加以创新的夹板装版本，古朴厚重、端庄大气，内容与形式相得益彰的设计，已成为国内书籍设计教学及相关理论研究著作中出现频率最高的经典范例。

记得2005年首尔书籍艺术节开幕式当天，在中国书籍设计作品的展位对面，一位德国艺术家从拉杆箱里取出了三本自己的书籍作品，几分钟之内他的展位前便挤满了各国的设计师，大家争相翻阅、拍照、交流，我也身在其中，那充满手工抽朴味道的作品，每一页都是艺术家每天心灵写照的一幅画。淡淡的调色油气味散发出来，是那么的好闻；用破旧的木板、麻绳和做旧牛皮手工制作的封面，是那么的有视觉冲击力。绘画技巧的精湛，思想的沉淀，心灵的升华，体现在每页（幅）纸（布）上。艺术家希望一生能创作50~60本这样的"特殊设计"书（作品）。我有想收藏它们的冲动，和他连说带比画着，意思是，出售吗？多少钱？他指向展台，在展台角上有三张卡片，都手写着"€3000"，我故作镇定地点了点头。几天后再去询问时，两本书都已被人订购，包括我喜欢的那本书。

从中国的古籍、西方的羊皮书和已传入中国百年的横排书籍，再到具有广阔发展空间的"特殊设计"书，多年后它

们都会成为历史，但这些凝聚着人类智慧的内容和形式会继续传承下去，因为它们是不同时代的产物，是历史的轨迹，不可磨灭。

他山之石：品牌塑造的启示

他山之石，可以攻玉。透过看似与书籍无关的一些事情，也能悟出些道理。

我前些年喜欢玩摩托车，曾经拥有过小排量踏板车、中排量越野车和大排量进口（YAMAHA400）跑车，但由衷地想拥有一部哈雷·戴维斯，没能实现一直耿耿于怀。哈雷那经典的"太子车"外形，每有新版出厂后都让我望着杂志图片发呆几天，虽然从提速性能上也许它们无法和我的车相比，但我知道我渴望的是什么，是那令人魂牵梦萦的金属质感及复古造型，是那个性十足的车绘、令人迷惑的颜色搭配、个性改装后的满足感，是那骑乘人对自由和力量的物化想象。"激情是哈雷永远不变的追求和理想。始终怀着燃烧的激情，把每台摩托车都打造成一件精品。经过100多年的淬炼，矢志不渝，精益求精，持续改进，激情之火永不熄灭。"追求自由、激情，享受生活的哈雷精神，已经深入人心，有多少具有所谓高科技和未来设计理念的车，都无法替代哈雷迷心中的百年"老"摩托。

15

信息时代风头正劲的 APPLE 系列，产品设计从人性化的界面功能到时尚的外观造型，使世人趋之若鹜，新品发布往往引来持续几天的排队抢购，令无数同行"羡慕嫉妒恨"。APPLE 系列已成为设计与应用成功的典范，设计使其品牌价值已富可敌国。乔布斯"革命性"的超前设计理念，敏锐的触觉，简化了信息传媒的工业设计，改变了大众的生活方式。出版界的从业者是否能从这个影响世界的奇人身上受到一些启示？天才英年早逝，但苹果的"乔布斯精神"还在，我们从其最新推出的产品上，也能清晰地领略到。

无论是百年的哈雷还是最新的 APPLE，设计的价值在它们身上得到充分体现，设计形式的完美赋予了它们不只具有优异性能的更大附加值，人们愿意花略多于同类产品的金钱购买它。作为文化商品的书籍，符合内容需要，适应时代审美需求，能禁得住时间检验的书籍设计也是推动市场流通的生产力。

关注处于转制时期的国内出版行业，某些出版社近况令人担忧。我国的人事制度及国情不可能实现出版社社长终身制，升迁调动和离退休经常出现，一些新上任的社长为彰显所谓的魄力和个性，一定要否定或调整前任的选题结构和品牌塑造方向，努力勾画自己的痕迹。本已在读者中树立的"百年老店"品牌优势，经过这样几任社长的"不懈

努力"已消失殆尽，实在令人惋惜。内容决定形式，推翻原有优势的选题结构调整，使得设计形式的风格也会出现变化。出版界关注的那几家被称为书籍设计风向标的出版社，只剩下三联社后劲十足。走"老路"不代表保守和不思进取，而是站在巨人的肩膀上再创新高。利用品牌优势，锐意创新，从选题到书籍设计寻找到最适合的定位，发挥书籍设计在广告媒介和视觉方面的优势，使设计风格渗透到每本书、每套书、每类书，直至塑造出一个出版社的整体品牌形象。

和谐共存：书籍设计师的机遇和挑战

目前，虽然电子书市场发展迅猛，但电子书的阅读优势并没有完全体现出来，大多数电子阅读器只有翻页阅读和简单朗诵功能。科学与艺术的结合是必然趋势，相信能与读者互动引起阅读兴趣的功能很快会得以应用，这使设计师又有了广阔的发挥空间。过去为纸质书籍设计的版面，可以轻松转化成以单帧（页）和快速播放的有趣界面出现，信息（内容）与设计（形式）的构成，使电子书摆脱枯燥单一的阅读，用互动设计展现出超出想象的魔力。无论电子书还是纸质书，加入更多与读者感官交互的人性化设计，营造出舒适的阅读氛围，才会使纸质书与电子阅读和谐共生或空间互补。

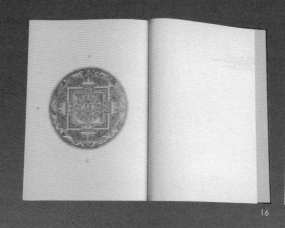

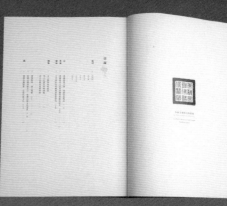

16   17

18   19

20   21

张志伟作品

16-22《汉藏交融——金铜佛像集萃》

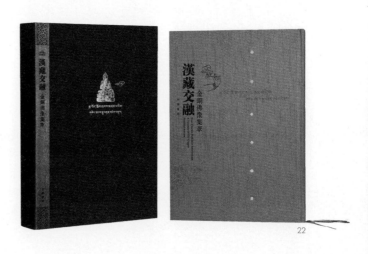

22

电子书与纸质书在其最终表现媒介和传播形式上明显不同，但就其传达书籍内容这一本质功能上并无二致，可谓是"殊途同归"。因而书籍设计这一与图书内容紧密结合的表现艺术，在面对电子书与纸质书两种介质时，具有同样重要和不可或缺的作用。

作为书籍设计师在日渐汹涌的电子书浪潮前，不应迷茫与恐惧，而应感到欣喜与兴奋，因为电子书的内容也同样需要形式设计，而且因其数码技术的支持，在设计上会给予设计师更广阔的自由度和更大的发挥空间，一些在传统纸质书上难以实现的三维立体以及多媒体效果可以在界面上实现，还能够避免纸质书籍受印刷、装帧材料和工艺等制约造成的不完美。因而电子书的设计不会局限于平面，但绝不会脱离平面，将是一个更加综合与立体的信息设计体系。在这个体系中设计师自身的艺术修养、对书籍内容的理解、对设计形式的驾驭能力等都会得到体现。虽然纸质书籍市场份额的减少必然会加剧设计产业的竞争，但电子书时代无疑更需要书籍设计的存在，因为电子书和纸质书在各自侧重的信息内容上互不干涉，分别具有不一样的设计形式需求。

用心设计：寻找隐藏在文本中的精神内核

书籍的内容可以启迪和指引人们向真、向善、向美。书籍设计也应该通过多样的形式，引导和感召人们的审美。前国足主帅米卢说过"态度决定一切"。设计师应自信并全身心地投入进去，寻找隐藏在文本中的精神内核，充分利用

自身的专业优势，从设计理念、综合修养，到审美流行，再到沟通交流、市场调研……改变过去那种凭感觉提取形象，放在封面和版面设计中的装饰手法，通过与编著者、出版人、编辑和印制者的多方协作，对书籍进行编辑设计，进行"第二次创作"，全方位满足书籍内容的个性化形式的表现要求，使内容和内涵得到形象的升华。

近两年进行的编辑设计尝试，有些体会与大家分享：

《汉藏交融——金铜佛像集萃》是一部展示明、清两代藏传佛教金铜佛像艺术的大型画册，精选著录了99尊神态各异、美轮美奂的佛像。设计之前，我曾经数次参观欣赏甚至触摸了部分珍贵的佛像，佛教艺术的博大精深和佛像铸造工艺的精湛，使我心灵震撼，收藏家和编著者的鼎力支持与充分信任，让我深受感动，信心大增。

在遴选前期完成的佛像图片后，发现图片只具备文物摄影要求的清晰和色彩还原真实。设计师主张重新拍摄重点佛像，并直接参与图片拍摄创作，依照设计创意需要，利用多角度和虚实结合的画面反映出汉藏金铜佛像艺术的神秘和深邃。书籍设计中的这些补拍图片，与反映文物整体的全形图片形成节奏变化，加上多角度呈现佛像的拉页设计，成为读者的欣赏重点。

书籍整体设计上突出金铜佛像的色彩及质感：通过内文的红金专色，前后环衬的古铜色特种纸，硬封的铜金属质感装帧布面料，及函套的佛像烫金点缀，做到内外呼应，形

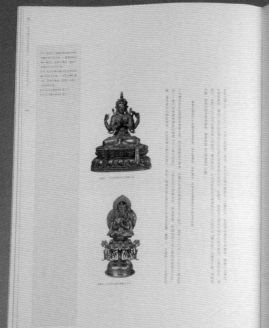

23

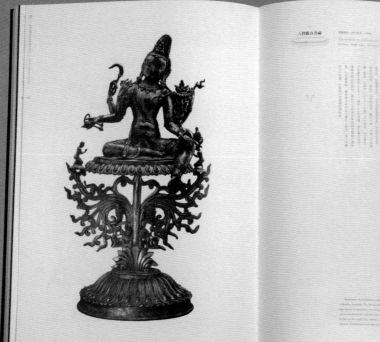 

24

张志伟作品

23~25《汉藏交融——金铜佛像集萃》

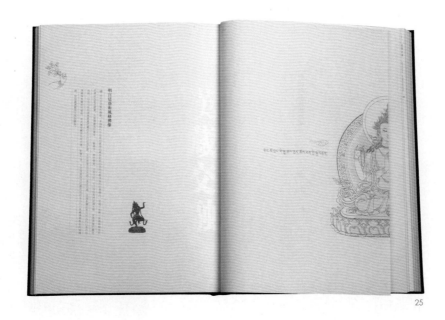

25

式与主题和谐统一，"低调"烘托出图版部分的精彩。内文版面文字横排与竖排结合，既有传统韵味，又富于变化，且与佛像相得益彰。三种风格的佛像分别点缀不同的线描莲花座图案，不仅强调了佛像名称，而且具有装饰意味。内文纸张根据内容相应变化：佛学家的题词用类似宣纸的刚古条纹；论文部分用轻型纸，节约成本也减轻全书的重量；章节页用较薄的字典纸对折成筒子页，隐隐透出内面的佛像剪影，营造神秘气氛；佛像部分用有微涂布的特种纸，高质量还原佛像的色彩和图片的细腻。内文四色加过亮油，加强图像的层次感和润泽感；书眉及章节页用云纹过油，并不增加成本。三种色彩鲜艳的丝带对应三种风格的佛像，方便查找使用，为书籍外观的重色调增加些跳跃的亮点，也让人联想到藏族的经幡、唐卡或服饰。封面和函套的设计力求古朴厚重，避免使用与内文雷同的佛像照片，而是采用佛像剪影、线描、云纹等元素，及烫金、压凹、激光雕刻工艺，凸显佛教艺术的神秘感。

后期的印制过程中，设计师多次到印刷厂，针对不同纸张、材料和工艺的试验及选定，制版前色彩的校准，印刷时的色彩要求等，与印制人员和编辑反复协商，密切协作。《汉藏交融——金铜佛像集萃》从前期策划到印制完成，历时将近半年，沉浸其中，并未感到辛苦，书籍的整体设计得到了宗教界和读者的认可，也包括美国哈佛大学和大都会艺术馆的著名学者。书籍设计获得第二届中国出版政府奖（装帧设计奖）。

《7＋2登山日记》是诗人骆英用诗歌记录几年来探险经历的诗集，世界七大洲的最高峰和南北极，都留下了诗人徒步探险的足迹。诗人的另一个身份（房地产企业老总），使他公务繁忙，但仍抽出宝贵时间专门与我沟通商讨设计事宜，并叮嘱身边的人不要用具体的要求来干扰设计师的思路，让我感受到信任也能营造出书籍设计的良好创作环境并增加创作动力。我的整体构思力求突出诗集的核心部分——诗歌，为诗歌留有广阔的空间，减弱各部分图片的分量，大部分图片处理成单色，评论文章尽可能紧凑，全书组成富有节奏变化，诗意的阅读与大自然广袤的空间联想交织在一起。

象征皑皑雪山的白色，天地交会处大山阴影里的灰蓝色，是贯穿全书的主色，内文所用灰蓝专色，色相要求准确，在为印刷厂提供色标时，巧合的是选定色标后，背面有一行日文字"英国空军的蓝"，印刷效果呈现了设计者心目中冷峻厚重之雪山的颜色；斑驳的文字和图片，寓意登山探险这项极限运动的挑战性，诗人三次攀登珠峰的经历，自然而然使珠峰部分成了全书的重点，图片彩色呈现，甚至有跨页彩图。作者的手迹开始并没有提供，是应设计师的

象征皑皑雪山的白色，天地交会处大山阴影里的灰蓝色，是贯穿全书的主色；斑驳的文字和图片，寓意登山探险这项极限运动的挑战性。山和风的轮廓线条，加上作者的手迹，烘托着象征生命历程的诗意文字构成了这本登山日记。"死亡回忆"部分采用字典纸和灰蓝单色印刷，与作者的感受相适应；生命的脆弱、多次遇险的经历、回到都市生活的不适应，发稿前创作的文字。精装封面函套希望体现雪的痕迹，雪山的清冷。设计采用平装加少量精装纪念版两种形式。

张志伟作品

26~32《7 + 2 登山日记》

26

27

要求加上的，因为诗人讲过，他大部分的诗歌是在探险途中写就，经过处理的手稿增强了登山的现场感；设计者手绘制作的山和风的轮廓线条，烘托着象征生命历程的诗意文字，构成了这本登山日记。"死亡回忆"部分采用区别于全书的字典纸和灰蓝单色印刷，标出这些是发稿前新近创作的部分，与作者的感受相适应：生命的脆弱、多次遇险的经历、回到都市生活的不适应。装帧设计采用平装加少量精装纪念版两种形式。平装内封和精装衬页的白色特种纸运用热熔工艺，模仿雪地里探险者留下的一串足迹。精装封面上书名和非常具有象征意义的骡子，采用特殊工艺，突出主体。函套用白色纸印刷灰蓝色，击凸工艺隆起的"7+2"，已经到达了纸张的极限，希望能从宏观代表出雪山的高度。书籍出版后，在北大百年讲堂举行的新书发布暨诗歌研讨会上，专家、诗人、出版人、学生和媒体对书籍设计都给予了较高评价。书籍设计获"中国最美的书"奖。

在进行编辑设计过程中我充分感悟到，要做好设计、做好一本书，需要设计者主动出击，用自己对设计的热情，换来各环节的有求必应；用有效的沟通，获取尽可能多的反馈信息；用专业的职业素养，唤醒协作者的责任意识；用虚心的态度，学到更多与书籍内容有关的知识，提高综合修养；用心设计，才能找寻到适合书籍内容的最佳设计形式。

强调设计形式对于书籍的重要性，并非是要让形式强加于内容或凌驾于内容之上。在我们所处的海量信息时代，市场竞争日趋激烈，具有媒介作用优势的设计形式有时会成为内容的代言人，掌握着话语权，具有示范和导向的作用，好的设计有时能收到事半功倍的效果。书籍设计师首先应是一个有责任感的公民，要冷静地看待这种优势、机遇和挑战，增加涵养，提高境界，减少社会负能量的提供，用你的作品提供最强大的正能量。

28

29

30

31

10 多年前我们的出版界还实行封面和内文分开设计，几年前提出书籍整体设计，这两年才推行编辑设计理念。大部分的出版人正在转变观念（甚至个别出版人至今还停止在原始的设计理念里），数字化传播时代已势不可当地来临，相对于那些出版业（包括书籍设计）发展成熟的国家，给我们总结经验和教训的时间太短了，这是快节奏时代的特点，让我们主动，再主动。

如何在电子书时代做好书籍设计是我们这代设计师必须思考的问题。面对时代的进步、科技的发展，书籍设计师当以开放的、积极的心态，掌握新的设计手段，不断提升设计能力，拓展设计领域，把新技术、新介质为我所用，用心设计，坚持自己的设计理念，做好设计：让倾注设计师心血的设计形式成为书籍内容的一部分，流传下去。

32

画图画书就像拍电影

朱成梁

策划、编辑了《老房子》系列图集获国家图书奖提名奖。
《两兄弟》《一闪一闪的兔子灯》获联合国亚洲文化中心"野间"佳作奖。
1985 年参与由日本著名画家安野光雅召集八国画家联手合作的图画书《世
界的一天》《争鹿》《灶王爷的故事》《火焰》《团圆》，获首届丰子恺儿童图
画书奖首奖，入选《纽约时报》2011 年度 10 本最佳图画书，入选纽约公
立图书馆 2011 年度 100 本儿童读物。

1948 年 1 月生于上海。学生时代在苏州度过。
1968 年赴太仓插队务农。
毕业于南京艺术学院美术系油画专业。
后进入江苏美术出版社
从事编辑工作和书籍设计工作。
现为中国美术家协会会员。

画图画书，最让我享受的是创作过程。这过程就像拍电影，可能有点夸张，但仔细想想，拍电影的那些行当，在创作图画书时一个也不能少。首先要有一个好的故事，这相当于电影的剧本或者编剧；整本书的节奏安排、构图设计相当于导演的工作；描绘故事中的人物相当于演员的工作；人物造型、穿着打扮相当于化妆师和服装师的工作；故事环境资料的收集和生活道具的设计相当于美工师的工作；最后完成正稿应该相当于摄影师和剪辑师的工作……当然，还有制片人——出版社社长。与拍电影不同的是，除了图画书文学脚本（画家也可撰文），所有的活都由画家一人来完成。但是规模要小很多，小得就像孩子们玩儿过家家，所以我把画图画书也叫作"过电影"，意思是"画画图画书，过过拍电影的瘾"。

当我看完《团圆》的文学脚本后，被这个故事深深地感动。按电影的分类，《团圆》为"感情戏"。首先想到这个"电影"的外景地应该是江南水乡。水乡的秀气和委婉特别适合做感情戏的背景。此外还有两个原因：其一，我从小生活在水乡苏州，对江南水乡的风土人情十分熟悉，小桥流水，粉墙黛瓦，非常入画。我把《团圆》故事中的包饺子改为包汤圆，因为江南人过年习惯吃汤圆。其二，20 年前，我曾为编辑《老房子——江南水乡民居》一书跑遍了江南水乡的所有古镇，拍摄了大量的照片资料，用作《团圆》的背景资料绰绰有余。我非常喜欢浙江的乌镇、南浔、西塘等古镇。其中以浙江北部紧邻江苏的南浔镇最有特色，又以镇上的百间楼最为精彩。百间楼沿河而筑，骑楼样式，形成晴雨两用的商业街。街的沿河一侧有带美人靠的长椅，行人累了可坐下小憩一会儿，与老板聊聊天、谈谈生意，非常惬意。屋与屋之间有拱门相隔，在长廊里远远望去，数不清的拱门层层叠叠，美不胜收，富有韵味和节奏感。在屋顶有防火的马头墙，给古镇的天际平添了许多优美的曲线。我想《团圆》的外景地不会有比这里更好的了。

1

2

1.2《一闪一闪的兔子灯》

3

4

有时寻找生活的道具也很伤脑筋。在《团圆》里有一个场景是毛毛陪爸爸去理发店理发，我想在这个理发店里画一把 20 世纪 40~60 年代的理发椅。这种椅子很好玩儿，我小时候去理发时，就喜欢看理发师摆弄这种椅子，只记得椅子下方有一个可转动的圆盘，可以调节椅子的高低和椅背的角度，具体的结构记不清了。现在大城市都采用更先进的椅子，而小镇上用的都是些简易型的，画出来不好看。有一次去皖南呈坎，走进一间乡村理发店，据老板说他的理发椅和镜子都是从德国进口的，好是好，但太过陈旧了，不是我要的那种，拍了几张照片备作后用。又有一次去武夷山，经过一家小理发店，发现店内唯一的一张理发椅正是我要的那种，欣喜若狂，在征得老板同意后，从各个角度连拍数张。老板莫名其妙地看着我：遇到一张旧理发椅也不用如此高兴吧。

为了画好毛毛家的室内环境，我特意回到 40 年前插队落户的太仓，去收集资料。我走访了多家，都不理想。大多家庭家具风格都是现代板式家具，房间里的大衣柜都是四四方方的镜子橱，很呆板。继续找，工夫不负有心人，后来在一个民间博物馆里见到了一个红色的、有两个椭圆镜子的柜子，很合我意；红色，喜气洋洋的，也很符合古镇居民的身份。一般居住在古镇的家庭或多或少都有些家传的老家什，这个柜子放在毛毛家里很合适，与大城市的现代

化家庭环境拉开了距离。

在采风过程中还会发现许多很好看但暂时不用的素材，不要轻易放过，拍下来放入数据库，说不定哪天能用上。

我们常说细节决定成败。电影、图画书中的细节尤为重要。我非常崇拜连环画大师贺友直先生。他笔下的人物，特别是草根百姓，刻画得栩栩如生，呼之欲出。他说画连环画要有"戏"，我想这个"戏"就是生活细节。我努力汲取大师作品中的营养，试图使自己笔下的人物变得鲜活起来。《团圆》第六幅"爸爸的箱子打开了"（图 3《团圆》之一）是书中的一个重要情景。红色旅行箱打开了，给全家带来了欢乐。妈妈位于画面的中心，正在试穿时髦的羽绒大衣，左看右看，可以看出她是很满意的。毛毛躲在妈妈身边，使劲儿地把新帽子戴在头上，这是爸爸在电话里答应和直升机一起买的。虽然毛毛很喜欢爸爸给她的礼物，但是差不多一年没见爸爸了，对爸爸感到很陌生，这时的毛毛还不会在爸爸的怀里撒娇。这样处理比较符合故事的发展。爸爸刚刚坐定，胡子拉楂，风尘仆仆，双手捂着妈妈给他冲的热气腾腾的咖啡，嘴里嚼着巧克力，看着妻子和女儿的高兴劲儿，心里暖洋洋的。这是一个长期在外的打工仔回家的感觉。

7

8

9

6《"毛毛号"大帆船》

7.8《腊八粥》

9《灶王节的故事》

"毛毛睡着了"（图4《团圆》之二）这个场面是毛毛一家三口最幸福的时刻。爸爸的手臂上枕着毛毛和妻子，形成了一个温暖的窝，有点象征意义，形象地体现了父亲的责任和力量，爸爸在家里撑起了一片天。仔细看看毛毛的一个小辫子散了，足见经过一段时间的磨合，毛毛和爸爸重新热络起来，睡觉前疯得不轻。

"爸爸要走了"（图5《团圆》之三）与"爸爸的箱子打开了"形成鲜明的对比。画面左上角的日历上，可以看出今天是年初四，从除夕算起连头带尾才5天，实足只有3天，爸爸的假期太短了。跟爸爸已经热络起来的毛毛还有很多

好玩儿的事要和爸爸一起做，还有好多好多的话要对爸爸讲。此刻，她倚在门框边，一脚跨在门框内，一脚跨在门框外，下意识地想挡住爸爸的去路，不让爸爸走。她一边机械地吮吸着平时最喜欢的棒棒糖——但此刻索然无味，一边看着爸爸把左脚的鞋带系好又开始系右脚的鞋带。家里安静极了，毛毛可以听到自己的心跳声。画面中心的妈妈背过身去默默地擦拭着眼泪，无奈地合上给全家带来欢乐的大红箱子。在整个画面中只见到爸爸的侧脸，妈妈和毛毛的脸都转向里侧，我觉得这样处理更能传达出离别时的惆怅情绪。

10

12   13

对于不同内容的图画书，采取不同的表现方式。

《火焰》和《团圆》在内容上反差很大，一个是"动作片"，一个是"感情戏"。在《火焰》的创作中我采用了一些动作片、惊险片的手法。内容决定形式，只要效果好，表现手法是可以变化的。为了营造紧张气氛，在构图上大起大落，一会儿平视，一会儿俯视，一会儿仰视，一会儿近景，一会儿远景，跳跃式的节奏能够增加画面的动感。当然，也不能一味地跳跃，比如那幅"夜景"看似平静，其实危机四伏，充满杀机。这是前一个危机与下一个危机的过渡，

是暂时的喘息，给读者对于下一个危机留一点悬念，使整本书有节奏感。《火焰》在构图上还有一个特点是，大都采用跨页的"宽银幕"，宽广的原野是"火焰"主要活动环境，"宽银幕"给奔跑、追杀、狐狸总动员等情节提供了很好的空间。如果真的拍电影我想导演也会采用宽银幕的。

其实，把画图画书当作拍电影来享受，只是画家的自得其乐而已，图画书还必须用画笔一笔一笔来完成，绘画的过程同样很享受。

11

14

汉字字体识别研究方法探寻
——以公共空间应用性为例

林存真

中央美术学院设计学院院长助理、副教授、博士。

1991 年就读于北京印刷学院设计艺术系，装潢设计专业，1995 年本科毕业；

1995 年至 1998 年国家新闻出版署条码中心担任设计师；

1997 年至 1999 年作为创始人之一，创办《艺术与设计》杂志，任副主编职务；

1999 年至 2002 年就读于德国莱比锡视觉艺术学院（Hochschule fuer Grafik und Buchkustleipzig, academy of Visual Arts, Leipzig, Germany）平面设计专业，攻读视觉传达、视觉识别方向研究生；

2002 年硕士毕业回国，同年在中央美术学院设计学院任教；

2012 年获得博士学位；

2006 年 6 月—2008 年 12 月借调北京奥组委文化活动部形象景观设计处任副处长，负责北京奥运会形象景观的设计及管理工作。2007—2010 年上海世博会特许产品视觉设计规范及创意指导制定，以及特许产品专营店系统形象整体设计。2009 年参与组织、筹备北京世界设计大会。2010 年设计北京市参与 2010 上海世博会视觉形象及活动景观设计。南京 2014 青年奥林匹克运动会会徽设计者之一。

汉字作为中国文化的精髓，在几千年的传承中，担负着记录和传达信息的卓越功能。在当下的信息爆炸时代，对汉字的识读要求提高，而且随着高速公路、机场、火车站、公交车站、地铁、广场、公共商业空间、娱乐空间等城市基础设施不断发展，公共空间的复杂性增加了，公共信息系统的汉字字体设计特别是对其识别性的要求也相应提高了。

现阶段，中国汉字字体设计以经验感知、审美判断为主，学术研究领域一直缺乏科学的量化研究，制约了汉字实用价值的有效开发，导致字体设计领域老一辈字模师的经验无法以科学化、精准化的知识加以传承，而新一代字体设计师没有基础方法论可遵循，只能自我摸索、自行发展。在当今的信息传播领域里，要想高效地获得有用信息，提升汉字的应用性就成了公共空间用字领域的一场新挑战，字体的识别研究又是其关键点。本文研究目的由此确立，

通过研究建立字体设计基础学科的研究分析体系和评价体系，推动汉字字体设计理论和方法论的建立与完善，更好地传承中国汉字文化，更利于实际应用。

一、引言

本文整个体系是在对现有资料及汉字发展历史归纳梳理的理论基础上进行的，通过五个方面的调查研究分析，确定汉字字体识别研究基本参数，并通过进一步的逻辑推理，将这些参数分为定量、定性两个部分进行综合研究，在交叉学科理论支持下，得出阶段性研究成果；并通过实证研究，在现实应用中对结论的正确性做出验证。同时，基础参数也为实际应用提供指导和参考。在互证的基础上，基础参数、研究成果、实际应用，三方面互相补充，共同调整，进一步完善这一体系。体系如下图所示：

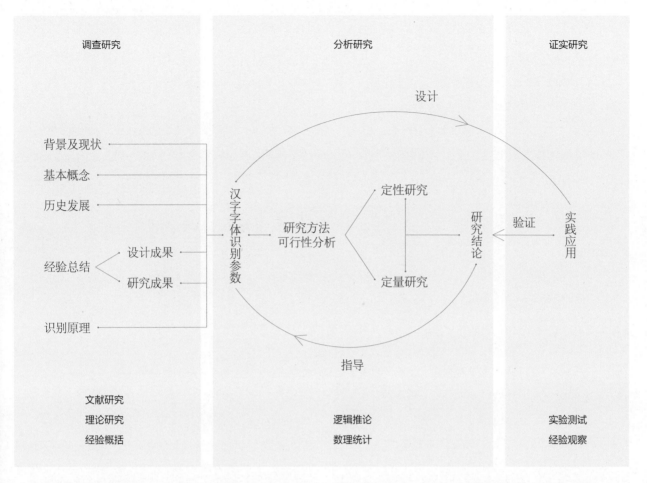

本文以交叉学科为重要思路，运用社会科学研究为方法指导，主要包括：调查研究、实验研究、文献研究和实证研究四种基本方法。字体在历史演进以及在识别的过程中，影响汉字字体识别的因素较多。而且人的视觉感受与行为不单纯是心理作用，有些感觉也来自神经生理的活动，有些是经验积累来的，这许多因素共同影响了人的视觉感受。这些因素相互作用、相互影响。对这些因素的研究分析框架的建立不能仅仅局限在一个学科范围内，而要从多学科相互推理或者互为所用的角度立体地构建，其中就包含了文字学、字体学、心理学、数学、设计艺术等多个学科。通过对多学科的整合，以及科学的理性研究方法的引用，进行汉字识别度研究的体系规范。

通过调查研究，以清晰度为切入点，以黑白空间关系的合理处理为设计原则，从而构建字体识别的整体分析框架和评价体系。

通过分析研究，确定汉字字体识别参数，并论证通过轮廓识别和边界识别的定性研究，及笔画粗细、黑白比、主笔纵横比等的定量统计的可行性。

通过证实研究，对汉字主要字体识别性进行对比测试，得出公共空间适宜采用字体的结论。这个结论能够为公共空间导示系统字体设计和商业空间字体设计提供指导或者参照，使得非常注重识别力的公共空间字体设计，在一开始就能沿着一个高效传达信息的方向设计，提升了字体设计的效率和针对性，为公共空间的字体设计提供了基础资料和优化选择的科学依据。

二、调查研究

汉字字体识别研究课题不论是在题材还是在方法上，都与传统汉字研究有一定的区别，所要求的知识背景、基础训练、学术支持都有所不同，这既给课题带来了困难，同时也带来了萌生新方法论的契机。就整体而言，我国当前对汉字字体识别的社会研究处于初始阶段，因此，我们尽可能罗列汉字字体与社会联系的线索，打开我们的视野，搜寻各种有关现象，进行分类和考察。有了这个基础，就能加深我们对汉字字体与社会关系的了解，确定进一步观察和思考的重点，积累研究的资料和经验，达到逐步建立字体识别社会学研究框架的目标。

通过汉字字体的背景及现状、基本概念、历史发展、经验总结、识别原理等方面的分析，用文献研究、理论研究与经验概括的方法，明确本文汉字字体识别的概念及范围，以及涉及的基本参数归纳与筛选，最终确定研究参数，为分析研究做基础。

三、分析研究

（一）汉字字体识别研究分析框架的建立

以往的汉字识别研究和实验，由于并非为字体设计量身定制的，所以其实验方法和分析框架对设计的指导意义不明显。因此在本文中，对汉字字体识别分析框架的建构是以字体识别目的、切入点和定量定性分析方法为支撑点，架构出一个基本完整的"汉字字体识别分析框架"。

依据汉字的历史演变过程及规律、汉字认知过程模式、构形学、字体学的理论，并结合笔者选择的 70 个实验样本，对影响字体识别度的因素进行统计、数据分析和归纳，从而确定汉字字体识别分析的目的和研究基础，也就是以清晰度作为字体识别的目的，以笔画作为字体识别分析的基础和切入点。为了进一步获得可操作的字体识别方法，需要在此基础上，将较为抽象的研究目的具体化，对源于经验性的、仍然较离散的影响因子进行理论整合，综合运用设计艺术学、认知心理学、数理统计的理论，构建起定性研究和定量研究的设计分析框架。这包括：

1. 将"清晰度"这样一个从认知主体视角出发的研究目的转化为对认知客体（字体）的规范性要求，这一转化是一个认知研究与设计研究相结合的过程，也就是以什么样的设计术语、设计原则去表述和实施"清晰度"的要求，以体现出设计专业性以及对字体设计的评估、指导意义这一研究初衷。

字体识别的清晰度取决于正负形的对比度关系，汉字字体中，这种正负形的关系也就是黑白空间关系。因此，只有

当一个字的正形刺激强度和负形刺激强度同时达到感觉的阈限值以上时，才能被清楚地识别。

2. 探讨在认知心理学等理论的支持下，将以笔画为基础的诸要素，按照识别模式的特征归纳为较为完整的分析体系。

3. 通过对影响识别的各个因素特征的细化，研究适用于定性分析和定量分析的分类系统，确定定性研究和定量研究的对象，建立用于研究汉字识别的分析框架。

（二）研究方法可行性分析

1. 黑白关系定量研究的可行性分析

（1）黑色正形定量研究可行性

人眼观测物体与感光物质的刺激有关，刺激强度与心理感受呈正关系，随着刺激强度加大，视知觉产生的心理感受——感觉量也随之增强，而刺激强度是可以用技术手段测量的物理量。在本项研究中，这个物理量被看作是字体的"黑"与背景的"白"的量化关系，也就是字体笔画的总面积产生的刺激强度。

根据德国心理学家费希纳的对数定律，描述了物质刺激与心理感觉之间的数量关系，其方程式为：

$$E = k \cdot \log I + c$$

其中 I 为刺激量，k, c 为常数。

视觉刺激与所引起的感觉变化呈正函数关系，费希纳曾做过这样的描述："在刺激强度按几何级数增加时，感觉强度仅只按算术级数增加[1]。"

上述表达式与其他一些心理物理实验数据能相互印证，并且共同表达：感觉量与刺激量之间呈正相关，但不是线性

[1]《心理物理学定律》:《安全工程大辞典》化学工业出版社，1995 年11 月出版。

变化的关系。这个对数公式与其逻辑关系，也就是我们对汉字字体中黑色正形进行定量研究的依据与基础。

（2）白色负形定量研究可行性

对于白色负形的定量研究主要借鉴视角原理及视力表测量方法。根据人眼视觉识别原理的分析，可知阅读先以眼看文字，受光的刺激，将其转变为视神经的兴奋，终传至脑的视觉中枢。这一过程中，视力与视角是关键因素。视角大小与物体大小成正比，与物体到眼的距离成反比。

$$视角 = \frac{物体的大小}{物体到眼的距离}$$

$$\theta（视角）= \frac{h（物体的大小）}{ch（物体到眼的距离）}$$

如果人眼要辨识两个点，这两个点在视网膜上所成像要保证这两个点之间有一个距离，隔开两个椎体，这样成像就不会出现重合，可以清楚分辨。最小视角是人眼能辨认的这两个锥体间的最小距离对节点的张角。最小视角是一个临界视角，大于最小视角的两个点眼能够分辨，小于最小视角的两个点眼不能分辨。阿瑟·康尼锡测试在正常光亮的条件下，人能够分辨的、距离最小的平行线段中，两根线段与瞳孔正中所形成的夹角是 0.59 分角。

以常见视标有 Landolt 环为例，进行视力检验时，被试者辨认 Landolt 环的开口方向（如图 1 所示）。

7.5mm   1.5mm   最小视角：0.59'

5000mm

1 常见视标 Landolt 环

H =1/5H = 2×（ tan ×5000）=1.5mm (H 白形高度，H 视标高度，5000mm 检查距离)

将以上原理应用于字体识别中，此处 H 为字高，H 即为我们要知道的笔画间白色负形高度。以此原理为基础，可进行字体识别白色负形的定量分析。

2. 黑白关系的定性研究分析

对汉字字体的识别研究而言，除去对面积产生的刺激度进行定量外，对其整体识别与边界识别的定性研究也是一个重要方面。从这两方面影响汉字识别的因素进行归纳与分析后发现：

（1）整体识别

由黑白关系产生的汉字轮廓是与其识别相关的重要指标之一，其中的格式塔——完形理论支持了整体识别。黑白关系产生明度对比，明度对比差最大的地方在人眼中形成一个区域，即"轮廓"。此外，心理学研究证明，边界的区分对于识别非常重要，轮廓的清晰度影响识别主体对于边界的判定，轮廓识别与认知心理学的"边界"区分有着紧密的联系。

（2）边界识别

"轮廓"对于边界的区分来说非常重要。这里所指的"边界"，是"被知觉为具有形状的物体拥有的两个相邻区域之间的共同界限"。这与之前提到的图形和背景关系有一定的类似之处。图形和背景也形成一种边界，"物体背景分离被格式塔心理学家认为是人类视知觉最重要的加工过程，而边界指定可以表征这一过程"[2]。这个边界清晰与否直接影响到图形的识别。汉字字体的边界是由黑白空间形成的结构产生的，这个结构既包含字体外轮廓的边界，又包含了由汉字本身构型结构、笔画、笔形与中宫等因素所决定的内部黑白空间的边界。

通过上述对影响识别的要素的归纳与总结，就可以接着进行量化研究与质化研究的区分。

其中，属于定性研究的有轮廓、笔形、中宫，属于定量研究的有笔画粗细、密度。

3. 方法论体系图表（如图 2 所示）。

---

[2]《物体背景分离中边界指定与形状知觉之间的关系》，冯旻、杨仲乐，《第三届全国脑与认知科学学术研讨会暨脑与认知科学国际研讨会论文摘要集》，2007 年。

影响因素	属性	指标类别	能否量化	研究方式
轮廓	形状特征	轮廓类	不可量化	定性
笔画粗细	面积	面积类	可量化	定量
笔形	形状特征	轮廓类	不可量化	定性
中宫	影响内部轮廓	轮廓类	不可量化	定性
密度	黑白总比例	面积类	可量化	定量

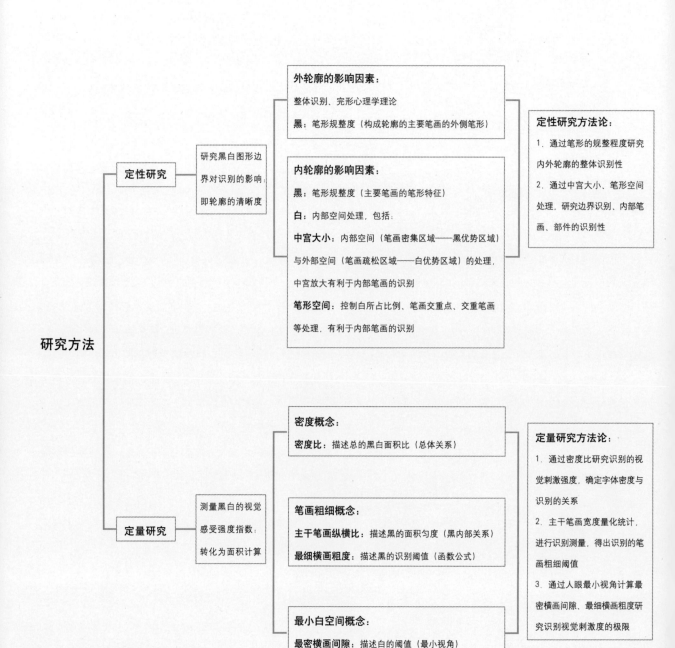

2. 方法论体系图表

（三）定性研究

1. 外轮廓与整体识别

按照格式塔理论，人们对汉字字体的认知是从整体开始的，认知的第一反应也就是我们所说的"外轮廓"。首先在认知时，我们从其轮廓可以辨别出字，即使错误的改变其内部的笔画结构，我们仍能够在第一时间认为它是个字。这就是在知觉过程的精细研究中，信息加工心理学发现的知觉加工表现出明显的整体优势效应。

当外轮廓模糊时，我们就难以正确识别该字或出现误读，造成这种现象的原因，是因为其构件笔画的变化，也就是"黑"的局部差异，使得不同笔画造就不同的汉字。笔画不清晰，内部的边界的不清晰，则对该字的识别也会产生很大影响。这就提出了另一个重要的识别因素：内轮廓的边界识别。

2. 内轮廓与边界识别

从定性分析中可知，空间布白的主要影响因素来源于字体结构中的中宫与笔形的空间处理。

（1）中宫扩大对内部边界的影响

在字体设计中应用在一个特定的方框中，适当加大了中间的空间，使得笔画与笔画之间的"白"增大，从而增强了字体内部边界的识别力，使之更加醒目易读。

（2）笔形空间处理对内部边界的影响

只有把内部轮廓边界做得清楚、利索，黑白比例协调，字内部笔画的边界才会分明。这样的字体出现在评判者眼中，才算是利于识别的。这一部分可通过"计白当黑"的内部"白"的空间处理和笔画交重点的处理解决。

（四）定量研究及证实研究

将定量研究方法应用于字体研究领域，对克服该学科研究偏重理论、经验探讨的缺陷，建立字体设计基础理论体系，提供了良好的探索性研究基础。定量研究方法的引进，使人们能够更为深入地认识汉字字体的本质。

本文的定量研究方法是以定性研究结论为基础，以不同的视角考察黑体、宋体、楷体等三大基础常用印刷字体的黑白关系构成，量化各字体组成要素，进行数据统计、分析，进而结合定性研究建立"汉字字体识别分析框架"，建立起对字体进行描述性研究（从识别的角度）的分析架构，使这种架构既能科学地描述出字体识别力的定性和定量特征，又可对汉字字体设计实践有所评估和指导。

1. 方案设计

根据汉字字体学理论，我们将要量化研究的黑，具体化为构成汉字字体的横、竖笔画，字体密度，笔画宽度等变量，将白具体化为视觉识别最小视角成像大小，各自研究其与汉字识别的量化关系。

首先，从国家标准 GB2312 字库（6763 个汉字）选取代表性的汉字样本作为汉字识别描述性研究样本，分别以黑体、宋体、楷体这三个基本的印刷字体为对比考察对象进行比对、评估。通过对其笔画数、笔形、密度、黑白关系等的特征进行量化统计，并根据得出的数据，结合相关理论分析，得出字体与识别的关系，对字体的识别性进行预测性描述。

其次，在统计分析得出汉字的主要字体以及字体的笔画、密度等与识别度的关系之后，根据统计数据及规律计算相关变量函数关系，并归纳出汉字字体识别的分析方法及检验方法。根据推导方法，用实验研究的方式，通过控制字体设计中一个根本变量，同时观察另一个变量——识别度所发生的变化，以此来探讨不同因素之间的因果关系及字体中黑色正形变化浮动范围。在得出的浮动范围内，运用视觉识别原理相关概念，以定量计算方式得出字体中白色负形的识别临界值。

最后，通过验证试验，以室外实地试验的方式，将本文思想指导下设计的字体与现有的人字体做识别度对比测试，来验证这一方法论及设计系统的准确性，并以此为基点，考察其在其他领域的可扩展性。

2. 黑色正形定量研究

（1）统计研究
包括三方面：常用汉字笔画数的资料调查；样本字体密度统计；字体主笔画宽度及宽度比统计。

① 常用汉字笔画数的资料调查
字体密度与识别度的关系并非线性增长关系，这也进一步验证了汉字笔画数反映出的字体密度与字体区别性（此处指识别力）的关系为非线性关系。而这一结论，也为之后的定量研究框架指明方向。

可以看出，选择笔画数并不是一个非常科学的准确方法，笔画之间的差异很大，如最小的点和很多折笔都是算一个笔画的情况，笔画数和主笔画的概念是有差别的，所以笔者在研究中主要统计主笔画。

② 黑体、宋体、楷体样本字密度统计
对字体密度的考察，实质上是对字体笔画面积的考察。选取 350 个常用汉字字符，同一笔画数一组，按笔画数的由少到多排列分组。虽然相同汉字在三种字体中密度不同，但其密度大小与笔画多少成正相关。标黑密度差最大，宋体次之，楷体最均匀。黑体密度随着笔画变化增加较明显，宋体、楷体增长则较平稳。

视觉选择性与客体的特性有很大关系，人眼对空间频率接近于零的平滑区域和空间频率相似的纹理区域有很大的"钝性"，所以不变和规则变化的场景很容易在人的意识中被遗忘，人类视觉通常只对突变和极不规则变化的区域感兴趣。

因此，人们在日常阅读中，楷体因其笔画均匀，应用最广。而在公共识别领域，因空间元素复杂，要求字体对视觉的刺激度增大。黑体密度大、密度差大，视觉刺激强度较大，避免了人的视觉识别"钝性"的出现，人眼较易识别，更适合作为此类户外型标题型文字使用。

泛黑体并不是单一字体，而是一系列相同构成模式下，因

主笔画粗细不同而形成的一系列字体的统称。下面的研究中，我们将对主笔画（在字中起支撑作用的称主笔画，就是在一个字中起主干作用的笔画）粗细做进一步的定量计算研究分析，以期得到识别度与主笔画之间关系的研究结论。

③ 字体主笔画宽度及宽度比统计
借助软件对黑体、宋体、楷体主笔画宽度进行统计，通过数据分析可知，黑体主笔横竖笔画宽度峰值比分别为 1.1:1；楷体主笔横竖笔画宽度峰值比分别为 1.2:1，且笔画粗细分布比较分散；宋体主笔横竖笔画宽度峰值比分别为 2.7:1。

（2）实验研究

主笔画宽度比实验
此次试验，以华文黑体为基本字体风格，以不同主笔竖笔画宽度设计一系列黑体进行比较，以主笔画中竖笔画宽度与字面的高度比值分为六个水平：1/8H、1/10H、1/12H、1/14H、1/16H、1/18H。通过实验对象分别反映的识别力数据，确定用于呈现汉字信息的最佳识别度的笔画宽度比的浮动范围，也就是最佳识别度的阈值。

实验对象：20 人，男女各半，平均年龄 25 岁，矫正视力 1.0。

实验内容：A. 字体宽度与识别力测试；B. 字体宽度与识别距离测试。

样本：根据常用汉字比例，选取从 1~22 笔画的汉字，以六种笔画宽度为基准，进行字符调整。将汉字以字面高度为 20 厘米，打印在 A4 纸上作为测试字样。

环境：自然光线。
我们设想通过识别力打分，确定一个字体笔画宽度区间，进而得出字体密度的区间。

实验 A：数据表述：在识别力打分测试中，12 名测试者对

汉字的识别力打分，分值较为平稳，其中 1\10H 处，分值出现峰值，总体识别力最高，高于现行交通字体。

实验 B：数据表述：在距离测试中，12 名测试者对汉字的识别距离，分布较为集中，通过图表化可以看出，1\8H~1\12H 之间，识别距离最远，其中 1\10H 有效识别距离最远。

定量数据图表分析一

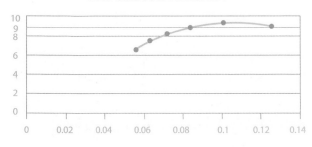

主笔画宽度与字体识别力分析图

在统计数据的支撑下，得到以下公式：

$y = -1065.3x^2 + 225.33x - 2.5396 \quad R_2 = 0.9845$（公式）

y 代表字体识别力；x 代表字体主笔画宽度；R_2 为拟合度（大于 0.8，为拟合度高），表示样本数据与拟合曲线之间的匹配程度。

应用二次幂函数拟合，得出字体主笔画宽度与字体识别力的计算公式为：

$y=ax^2+bx+c$（$a \neq 0$，a,b,c 为常数）

在实验测试中，以 9 为识别力的阈值下限，令 $y=9$

根据求根公式：

$$ax^2+bx+c=0(a \neq 0)$$

$$\Delta =b^2-4ac>0$$

$$x=\frac{-b\pm\sqrt{b^2-4ac}}{2a}$$

x_1=0.086979；即 1H/12；x_2=0.124539 即 1H/8。

由此可知，识别力阈值为主笔画宽度比在 1/8H 到 1/12H 的区间。

定量数据图表分析二

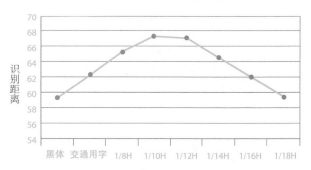

主笔画宽度与识别距离分析

根据不同主笔画宽度比字体识别距离测试数据，分析得出，主笔画宽度比在 1/8H~1/12H 的区间内，识别力距离均在 65 米以上，其中主笔画宽度比为 1/10H 时，识别距离最远。这也进一步验证了此前公式的结论，也就是肯定了整体识别分析框架体系的正确性。

（3）字体内部白色负形空间测算

根据此前对人眼视觉识别原理的分析，利用最小视角原理，借用常规视力标准中兰道环，如图 1 所示。

1 常见视标 Landolt 环

此处，我们将汉字替换成兰道环，环粗为主笔画宽度，开口为笔画见白色负形高，直径为字高。则最小视角如图 3 所示。

由此可知，$\tan\theta$ =Hw /L（θ 为最小可视角度，为白色负形高度，L 为距离），且 θ 应大于人眼的最小视角 0.59'。

当我们能判断人眼与汉字距离时，则汉字字体内部最小白空间高度为：

$$Hw = actan\ \theta \times L$$

依次计算可得，当可视距离为 100 米时，最小汉字字体内部最小白空间高度为 1.75 厘米。

最后，通过高速公路实地测试，也进一步证明了类黑体较好的识别性和阈值空间的正确性。

（五）总结与展望

本章先后通过统计调查、数据分析、实验测试、结论推导与证明，完成了整个定量研究体系的探索性构建，这在字体设计领域之前没有出现过，是本论文对字体设计科学性与艺术性进行综合研究的一次尝试。

通过研究得出适宜作为公共空间用字的泛黑体，字体主笔画宽度与字体识别力的计算公式，以及主笔画宽度比区间和汉字字体内部最小白空间高度。

通过以上结论，可推出：1. 为保持黑白的识别强度，密度应建立在优化的密度基础上；2. 为保持识别的均衡度，字体纵横比应在合理的范围之内；3. 为保持最低识别度，笔画出现概率最多的横画及其间隙应在可识别的阈限之内。

公共空间适宜采用泛黑体字的结论，提升了字体设计的效率和针对性。主笔画宽度比为 1/8H~1/12H 的区间内的汉字的识别性最为优良，这一结论为公共空间的字体设计提供了基础资料和优化选择的科学依据。

论文研究应用于目前我国交通公路字体的实际现状，有很大的社会效益。比如：在西文字体大、小写字母的兼用方面，可以增加识别度；计算机字体的应用，更加统一，而不是书法学意义的统一；二者与多色彩、多图示及公路图标的导向结合，三者综合运用可以产生很好的效果。

鉴于这一领域原有研究的空白以及这一课题的复杂性，本

研究可以说初步建立了汉字字体识别分析框架。但由于大量的资料收集、学科整合、数据统计需要更深入地研究工作，因此研究结论尚待进一步论证，直至形成系统的科学方法论。

这是一次全新的方法论与实践检验的结合，对字体设计研究方法的有益探索，促进学科交流与合作，科学、量化的处理艺术与设计的关系，开拓新的思路，为之后的相关研究打开出口，并将此方法延伸到涉及字体识别的其他领域，启发其他学科领域的方法探索均具有重要意义。

最后，笔者希望能够通过本论文的研究和阐发，为我国汉字字体设计识别研究做学科基础的铺垫和先导工作，为字体设计这片充满感性创造、艺术灵感和人文情怀的古老而年轻的天地增添更多时代气息与理性光辉，为即将到来的全球化汉字时代的字体设计尽自己的一分力量！

林存真作品

4~6《凿枘工巧——中国古卧具》书函及内文设计

4

5

6

"尽善"也要"尽美"
——人教版第十一套义务教育教科书
整体设计随想

张蓓

1987 年毕业于中央工艺美术学院（现清华大学美术学院）书
籍艺术系
书籍设计师
现任人民教育出版社美术设计部主任

教科书伴随了每个人从童年、少年再到青年的成长过程，随着我们身体的发育，文化与知识就像滋润我们身心的营养一样，帮助我们思想更成熟、视野更开阔。这些非常普通的教科书，字里行间为我们讲述着人类的过去、现在和未来。我们用各种颜色笔标注、记录着新的生词和公式，也同时记录了自己的成长。印在教科书封面上的"人民教育出版社"，几乎贯穿了我们从小学到高中的所有课本，它到底是个什么样子呢？

真是命运的安排，1987 年我从中央工艺美术学院毕业后，来到了人民教育出版社（以下简称人教社）工作。人教社是一个有着深厚文化传统，出版各类教科书和教育图书的大型专业出版机构，尤其是在中小学教科书出版领域，是当之无愧的行业翘楚。新中国成立后，人教版的中小学教科书在大部分年代里是全国多数中小学生统一使用的教材，

伴随了几代人的成长。从人教社成立至今，已经先后出版过 10 套中小学教科书，目前正在进行第十套教科书的修订工作，也可以说是人教版第十一套教科书的雏形。

人教版的中小学教科书从小开本到大开本，从黑白版到彩色版，简直就是中国社会和教育的镜像。

2010 年，根据教育部义务教育课程标准的要求，人教版现行教科书进入了修订送审阶段。教科书的修订不能是短期逐利行为，至少应本着"百年树人"的长远目标对学生们给予充分的人文关怀。基于此，它就不仅是只针对教学内容的修订，同时也对教材呈现方式及潜藏在其中的美学意蕴提出了更高要求。

我们来到敬人设计工作室，向吕敬人老师表达了教科书修

义务教育教科书

七年级

上册

生物学

人民教育出版社

1

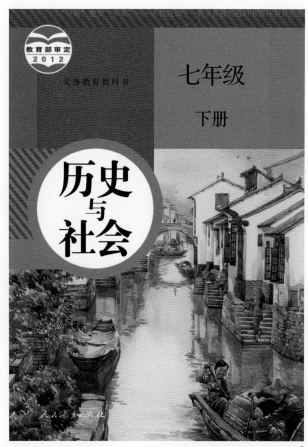

义务教育教科书

七年级

下册

历史
与
社会

人民教育出版社

2

人民教育出版社教科书

1.2 人民教育出版社出版的小学、中学教科书

订的意义与希望合作的强烈愿望，请他担当整套教科书艺术指导和总设计重任。出于对教育事业的热爱和对美在学习过程中树人作用的尊重，吕老师不辞劳苦，答应了我们的请求。在社领导的支持下，人教社邀请了吕敬人、符晓笛、赵健、张志伟、杨会来、刘晓翔6位国内著名的书籍设计家和插图画家，组成人教版教科书修订专家组，与人教社设计团队一起共同承担这套教科书的整体设计任务。专家组成员和我们都有着共同的愿望，就是要用最恰当的视觉编辑语言和艺术表现形式，为学生设计出有内在信息含量、知识丰满、阅读惬意、视觉审美的学习课本。经过社领导、编辑、美术设计团队和专家组多次开会研讨、交流、反复沟通，并对比分析国内外教科书，确定了新修订教科书的整体设计方案。

本次教科书在人教社的传统教材编著理念和教育部对教科

书版面、字数、字号的规范要求下，强调设计要点是书籍设计下的整体性概念，把"装饰"、"装潢"等以往的装帧观念转化为信息的视觉化整合与再传达，将教学内容通过设计进行科学性和艺术性的梳理，使文本、插画、图表、空间等多种要素的运筹，形成一个层次清晰的阅读载体，学生再也不被多余的花边、为装饰而装饰的图案所干扰，造成信息衰减，并以翔实、明了的视觉图形增添了文本传达的力度和可读性。

美是我们感知并生存在这个世界的主要方式。我们必须挣脱只重内容而忽视美感的实用主义羁绊，关注教科书在现代教育中对美感的传递和美对人的心灵净化的功能，使其成为最贴近学生的美的使者。《论语·八佾》云："子谓《韶》：'尽美矣，又尽善也。'谓《武》：'尽美矣，未尽善也。'""尽善"、"尽美"即强调了艺术形式的相对独立性，

3

人民教育出版社教科书

3 人民教育出版社已出版的十套中小学教科书
4.5《英语》（一年级起点）一一年级上册，内页版式

又把艺术内容放在首位，内容与形式和谐统一的作品才符合"尽善尽美"的审美标准。

以往人教社多次对教科书修订或新编，并结合教学实践和时代发展，逐步完善教学内容，这是"尽善"，现在我们强调对视觉美感的更高追求，将美的设计与教学内容相结合，重视美对学生成长过程潜移默化的影响，这是"尽美"。通过这次人教版教科书修订，结合我多年来从事教科书设计的经验，总结了教科书整体设计的五大元素与大家交流。

一、多学科的整体统筹设计

中小学教科书的学科性强，是涉猎学科最多的综合性图书，它涉及语文、数学、外语、历史、物理等多个学科。同时对科学性和严谨性要求较高，人教版教科书更因其覆盖面大（全国中小学生两亿多），示范意义愈显重要。面对如此多的学科和年龄段的纵深度，如何统筹是个问题。因此，从大的方面我们归纳了文科、理科和综合学科三大范畴。从大的范畴着手，将文化、知识与教科书特有属性结合在

一起，兼顾文科、理科各自的特点、联系与区别，同时考虑了每个学科向多年级纵深的可能性及设计延展的学科特点，对教科书整体设计与艺术美感方面的统筹把握，提出了具体的规范要求，制定设计框架和统一标准，并将标准物化，制作成教科书整体设计规范样本发放到各个制作部门，保证在分别制作时整体设计能得到统一贯彻。

二、多年级循序渐进的区分设计

随着教科书内容的不断深化，学习难度逐渐增加，孩子们也经历了从儿童、少年到青年的成长过程，心智和大脑逐渐成熟。在视觉上对具象与抽象、简单与复杂、色彩鲜艳与沉稳以及文化与美感的领悟，也有了渐进的理解。封面、版式设计，插图绘制时充分考虑科目、学生年龄段等因素，在整体设计框架内对不同年级教科书设计给予表现形式上的区别化，以此配合不断深化的学生感知、识别与审美能力。通过封面色彩与图像的选用，内文版面中字体、字号以及行距的变化，色彩、图像艺术风格的衍变，清晰地诠释了多年级整体渐进的设计理念。

人民教育出版社教科书

6.7《物理》八年级上册，内页版式

8.9《历史与社会》七年级上册，内页版式

本轮修订教科书的设计重点，我理解是一种设计向更适合阅读的回归，同时强调设计的系统性和延展性，使整体设计既符合《中小学教科书幅面尺寸及版面通用要求》的规定，又能形成自己的风格和系列，增强了人教版教科书的识别性。

三、适应学生年龄段的创新封面设计

学生们每个新学期开学拿到新课本的那一刻，教科书的封面往往是第一个映入眼帘的。

1. 封面文化感、美感、整体性和系统性

文字是封面最上层的信息。这一版教科书的设计加强了封面字体的规范，标题采用大标宋，年级及其他信息为书宋，补充信息为等线体，字号则使用统一的格式，标题采用统一的位置（只有在不同的学年段才出现标题位置的轮转），封面插图担当了概览全书内容及增添趣味性的作用，明确这样的功能划分和系统化的信息层级使得不同学科的书在学生眼前一目了然。一套完整的文字系统从封面起始，通过扉页、篇章页、正文页逐层将宋体字本身具有的文字之美贯穿到文本中，这正是文化性的体现。

2. 人教版面风格的传承与创新

封面设计没有过多的装饰，除去插图，每一个色块和线条均有划分学科、年级和统一套书特征的作用。简洁的版面体现了人民教育出版社在中小学教科书出版上的权威性。每一本教材的封面中1/6面积的高亮白色为第一层次的标题区域，1/3面积的彩色纯色色块为第二层的信息区域，1/2面积的插图区域排除了上层信息的干扰，更好地烘托起该学科内容的气氛。在整套教材的封面中85％以上的面积覆盖色彩的设计方法在教材中也是一种创新。

3. 在学科与年级的区分方面的设计构思

相同的元素：人教社专用绿色代表整个教材系列，同样的中性灰色底，托起年级信息。

不同的元素：书名的边框代表了不同阶段的花形、圆形到方形衍变，并分别使用三个固定的颜色；学科色彩设定由文科的暖色到理科的冷色渐变，从低年级叠加的纯色到高年级复合颜色的渐变；从天头延续到封底的纵向线条、45°角斜线和折线的变化。以上三个变化意在从具象符号到抽象符号、色相色温渐变来体现从感性到理性、从简单到复杂的学科知识内容。

4. 封面整体设计风格的宏观气势

因年级信息底色的中性色温和人教社系列教科书专属绿色的统一设计，当大批封面摆放在一起时，可以感到这两个

第二课
自然环境

地球上的陆地，作为人类的栖息之地，是我们生活的自然环境。从天空看陆地，会看到高山、平原、高原、沙漠、森林、草原、河流、湖泊等千姿百态的自然景观。这些景观是不同自然环境的显著标记。

地形多样

地表表面高低起伏，形态多样。人们通常把陆地地形分为山地、丘陵、高原、平原和盆地五种基本类型。

图2-13 五种地形示意图

图2-14 北美洲的落基山脉

图2-15 中国的东北平原

图2-16 东非高原

山地，海拔一般在500米以上，地面峰峦起伏，坡度陡峻。有的山地呈长条状延伸，形成山脉。山脉排列有序，脉络分明，仿佛是"大地的骨架"。

平原，海拔一般在200米以下，地面平坦或起伏较小，主要分布在大河两岸和濒临海洋的地区。平原是人口集中分布的地方。

高原，海拔一般在500米以上，地表起伏不大，但边缘处比较陡峭。也有的高原表面山峦起伏，凹凸不平。

除了山脉、平原和高原外，还有起伏和缓的丘陵和四周被群山环绕的盆地。有很多丘陵和盆地是富庶之地，为人类生存提供多种资源。

☝ 在教材附录中的《世界地形图》上找出以下山脉、高原、平原和盆地，并说一说它们各自所在的大洲。
* 山脉：落基山脉、安第斯山脉、阿尔卑斯山脉、阿特拉斯山脉、喜马拉雅山脉
* 高原：巴西高原、东非高原、南非高原、青藏高原
* 平原：亚马孙平原、东欧平原、西西伯利亚平原
* 盆地：刚果盆地

不同地区的地形差异很大。可以说，世界上找不到两个地形完全相同的地方。每个地区的地形都有自己的特点。

第二课 自然环境 31

8

湿润地区河湖众多，干旱地区河湖稀少。湿润地区的河流，大多一年四季常流水；而干旱地区的河流水源不足，沿途多沙漠、戈壁，河水蒸发和渗漏严重，很多河流为季节性河流。

图2-27 亚洲主要的河流与湖泊

图2-28 亚洲主要河流发源示意图

☝ 找出亚洲主要的河流与湖泊。其中，哪些是季节性河流？
☝ 对比图2-17和右侧示意图，说一说亚洲河流与地形之间的关系。

河流与湖泊不仅供给人们生活和工农业生产用水，而且还具有航运、发电、灌溉、养殖、旅游之利。

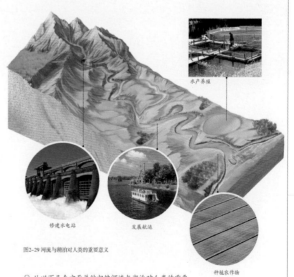

图2-29 河流与湖泊对人类的重要意义

水产养殖

修建水电站

发展航运

种植农作物

☝ 从以下几个方面总结归纳河流与湖泊对人类的重要意义。
　交通　能源　资源　休闲娱乐
☝ 此外，你还知道河流与湖泊对人类有哪些作用？

9

课题1
金属材料

一、几种重要的金属

　　环顾你家里的日常生活用品，如锅、壶、刀、锄、水龙头等，它们都是由金属材料制成的。金属材料包括纯金属以及它们的合金。人类从石器时代进入青铜器时代，继而进入铁器时代，铜和铁作为金属材料一直被广泛地应用着。

图8-1　东汉晚期的青铜奔马（马踏飞燕），现已成为我国的旅游标志

图8-2　河北沧州铁狮子，铸造于953年，距今已有1000余年的历史，狮高5.3 m，长6.5 m，宽3 m，重约40 t

　　铝的利用要比铜和铁晚得多，那仅仅是100多年前的事情，但由于铝的密度小和具有抗腐蚀等优良性能，现在世界上铝的年产量已超过了铜，位于铁之后，居第二位。

　　你有不少生活经验，例如，知道铁锅、铝锅和铜火锅可以用来炒菜、做饭和涮肉，铁丝、铝丝和铜丝可以导电，也可以弯曲，等等。其实你已经积累了不少有关金属的感性知识。同氧气、氢气和石墨等非金属相比，金属具有如图8-3所示的一些物理性质和用途。

第八单元　金属和金属材料　　2

有光泽　　　　　　能够导电　　　　　　能够导热

有延展性，能压成薄片　　有延展性，可以拉成丝　　　能够弯曲

图8-3　金属的一些物理性质和用途

　　金属除具有一些共同的物理性质以外，还具有各自的特性。例如，铁、铝等大多数金属都呈银白色，但铜却呈紫红色，金呈黄色；在常温下，铁、铝、铜等大多数金属都是固体，但体温计中的汞却是液体……金属的导电性、导热性、密度、熔点、硬度等物理性质差别也较大。表8-1中列出了一些金属物理性质的比较。

表8-1　一些金属物理性质的比较

物理性质	物理性质比较						
导电性（以银的导电性为100作标准）	银	铜	金	铝	锌	铁	铅
	（优）100	99	74	61	27	17	7.9（良）
密度 /（g·cm^{-3}）	金	铅	银	铜	铁	锌	铝
	（大）19.3	11.3	10.5	8.92	7.86	7.14	2.70（小）
熔点 / ℃	钨	铁	铜	金	银	铅	锡
	（高）3 410	1 535	1 083	1 064	962	660	232（低）
硬度（以金刚石的硬度为10作标准）	铬	铁	银	铜	金	铝	铅
	（大）9	4~5	2.5~4	2.5~3	2.5~3	2~2.9	1.5（小）

课题1　金属材料　　3

人民教育出版社教科书

色彩不易与其他颜色混淆，也不冲突，形成了这套教材封面色彩的基础。设计时还着重考虑到书脊设计的色彩延展，上段 1/3 为系列绿色；中段 1/3 是学科色彩和年级段颜色的混合，且混合图形是三个年级段封面上图形的延续；下段 1/3 是封面插图的过渡。全年级的书放到一起可以看到书脊上系列书的颜色带贯穿始终，中间一致的图案将不同学科的色彩混合同样的年级段颜色，下方是插图展现出的丰富色彩。一个年级的教科书个性鲜明却又成为一体，套书的气势尽显其中。

本套教科书的封面在内文网格基础上划分了六个单元。全部出现在封面上的文字除社标外均不超越内文版心的范围。左上单元为义务教育教科书的固定标志位置，右上、中左、中右分别为在小学、初中、高中教材中轮换体现的书名。插图占据了剩下的三个单元，"L"形的图位刚好也为插图

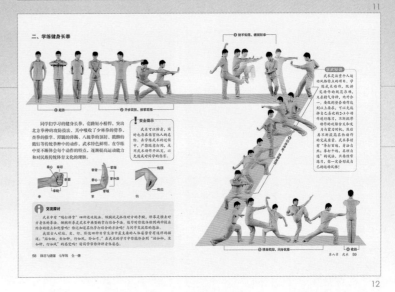

画家的插图创造了一个趣味的空间。

四、体现书卷之美的版式设计

版式设计是对书籍页面中的图文部分和空白部分两者总和的把握，版式设计是在有限的版面空间里，依照视觉表现内容的需求和审美艺术规律，结合平面设计特点，运用各种视觉要素，将文字与图像等信息进行排列组合和视觉艺术化表现的设计方法。教科书的版式设计同样也包括编排设计和版面构成两部分。编排设计要根据不同年级阶段选择字体、字号、字形、色彩、图像的使用等，对图文信息的整合编排，强调版面中的重要元素的表现。版面构成不是对图文信息二维概念的简单分类组合，而是进行信息于时间、空间中层次化的视觉阅读设计，引导学生趣味盎然地接纳知识。准确传达文中信息内容是教科书版式设计的最终目的。

本套教科书的设计系统地应用了网格设计理念，其目的在于通过隐形的倍率网格使承载教材多样性的内容的版式形成一种统一的视觉感受。并考虑空间、形态、比例、节奏、动势等设计元素在整体框架内的组合表现，文字与插图可在网格秩序允许的范围内游走，避免了以往呆板的中规中矩，并使版心周围的留白产生了变化，活跃了空间，为阅读带来书卷气和愉悦感。

在字体方面改变以往字体运用繁杂、不规范的做法，制订本教材的字体应用体系。选定正文以书宋为主体的字体配置，形成的版面灰度也比较均匀，适宜于近距离长时间阅读；标题使用接近书法韵味的楷体，突出汉字本体的美感。另外一点，注意有目的的开头留白可以使每篇课文更加便于阅读，同时增加透气感，也使学生在重点批注时有足够的空间。用导引系统按照阅读顺序来引导视线的移动方向，

化学 九年级 上册

化学 九年级 下册

物理 八年级 上册

物理 八年级 下册

地理 七年级 下册

地理 七年级 上册

英语 七年级 上册 Go for it!

英语 七年级 下册 Go for it!

日语 七年级 全一册

俄语 七年级 全一册

历史与社会 七年级 下册

历史与社会 七年级 上册

生物学 七年级 上册

生物学 七年级 下册

音乐 七年级 上册

音乐 七年级 下册

美术 七年级 上册

美术 七年级 下册

体育与健康 七年级 全一册

数学 七年级 下册

数学 七年级 上册

数学 一年级 上册

音乐 一年级 上册

音乐 一年级 下册

美术 一年级 上册

英语 三年级 下册

英语 三年级 上册

数学 一年级 下册

英语 一年级 上册

英语 一年级 下册

英语 三年级 下册

英语 三年级 上册

体育与健康 1至2年级 全一册

英语 三年级 上册

人民教育出版社教科书

13 人民教育出版社重新设计的教科书封面
14 人民教育出版社重新设计的教科书书脊

人民教育出版社教科书

15.16《生物学》七年级上册，内页版式

17 小学数学插图

文字与插图或图片的协调组合，有节奏的摆放，使人的视线首先看到字而后是图，增加整体的协调性。其中关于跨页图文的使用，在现代教科书设计中较为普遍，它能使大幅插图发挥其视觉震撼力，又能使文字内容不间断地表达，增加了课文的可读性和设计的节奏感。

五、文化启迪性的插图绘制

为了传达知识信息，好的教科书不仅要有优美的文字，还要有高品质的插图。插图一般是选择课文中的主要内容做题材，通过艺术表现更加烘托了课文的内容，成为教学内容的一部分，易于学生对课文的理解，同时也提高了学生的审美经验。好的教材就是课文内容与艺术作品的完美结合。受当今读图时代的影响，一幅好的插图能够使抽象的概念、冗长单调的文字，更易于孩子们接受与理解。因此要求插图画家在创作时，必须精确地掌握文字表达的内涵，提炼书中最精彩、最核心的部分，进行艺术加工，用具有

表现力与美感的艺术手法创作插图，弥补文字之不足，还能启迪学生思维，产生美的感受。在图片的选用上我们做到原创的精益求精，力邀全国最优秀的插图画家参与教材的插图创作。相关专业性强的第一手资料，力争高质量收集。 另外重视数理学科所用图表、地图的设计绘制，强调色彩淡雅，与文字版面协调，绘制精致，细节也不能忽视。

为小学生设计教科书，画插图是件非常不易的事，特别是数学，除了要体现新教材的时代气息和人物的活泼可爱，它更要求准确无误，对数字的要求非常具体严谨。插图者与编校人员的沟通十分重要，在理解并符合一些如数值准确到位等硬性要求的前提下，版面及插图尽量呈现设计与美学的要求。版面设计上则采取简洁明了的风格，在题型及栏目符号上也秉持这一风格，不过多渲染花哨的装饰效果，以求对课程内容阅读的专注与清晰在特定教材设计的限制中创造与发展。

18

19

20

一套教科书正式投入使用前，必须经国家教育委员会全国中小学教材审定委员会的严格审查，这就是送审。

教学大纲及《中小学教科书幅面尺寸及版面通用要求》对教科书的内容、开本、印张、版心、字体、字号等有着严格规定，此为限制之一；教科书的编写内容须经反复推敲和修改，文字内容的变化必然导致设计与插图位置要做相应调整，所谓调整，既不能失去格式规矩，又不能留出较大空白，否则有卖纸之虞，此为限制之二；人教版教科书的修订如前所述涉及文、理、综合等不同学科的近150余本教科书（还不包括统编教科书），这样大规模教科书的设计，在整体形象鲜明的同时还不能失去学科个性特征，个性特征之中又要有不同年级学生的年龄段特点，此为限制

之三；人教版教科书已经出版了10个版本，这10套教科书经过多年的大范围应用，在学校、教师和学生中基本形成了对它的固有认识，新版教科书不能对此前10套教材视而不见，此为限制之四；从决定修订到送审出书，时间只有不到两年，150余本教科书要协调、调动所有能够参与的设计工作室、设计师、插画家等众多社会力量，在参与人数众多的情况下不能失去对整体的把握，此为限制之五。尽管有许多限制，但是新版教科书还是在众多参与人士的共同努力下面世了。

每一次教科书新编或修订都是一次艰巨的工程，这就要求我们从事教材出版的出版社和编辑、设计者有坚韧不拔和忘我的工作精神，因为我们所做的是一项尽善尽美的事业，

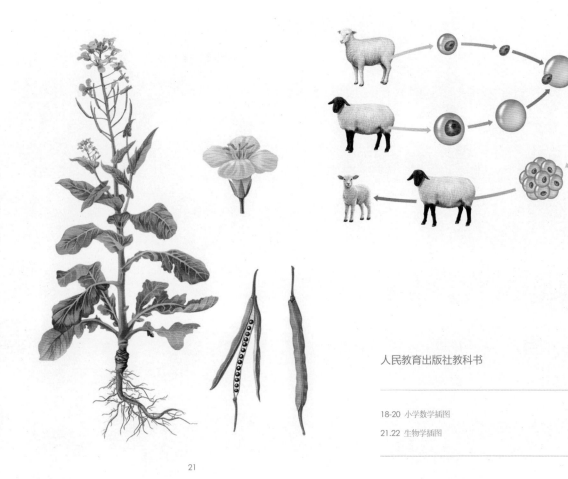

22

21

人民教育出版社教科书

18-20 小学数学插图

21.22 生物学插图

它关系到下一代人的文化素质培养，乃至国家的前途。

此次第十套教科书的大修订工作，人教社邀请的专家组成员积极参与到教科书修订的整体设计工作中，他们对具体内容、版面、插画提出专业性意见，给予人教社编辑部门和设计团队具体指导，并亲自设计许多方案。专家们把一些新的设计理念和多年实践工作中积累的宝贵经验，引入到教科书的设计中，使我们学到了许多东西，使这次修订在整体设计方面向前迈了一大步。尤其是敬人设计工作室为这套教科书设计制订网格系统、色彩体系、字体字号和整体版式框架等为众多设计工作室的参与制定了标准。在教科书整体设计、制作过程中，获得了许多国内知名设计工作室的支持，如吴勇工作室、奇文云海工作室等，他们放下许多重要的设计工作全力投入到人教版教科书设计中

来，对此我们真是由衷地感谢！

在这么短的时间内，顺利完成初期设计制作任务，是人教社总编室、编辑部门、出版部等相关部门和设计团队付出了艰苦努力的结果。在此向他们表示由衷的感谢！

吕敬人先生就这次教科书整体设计提出五点要求：阅读性、系统性、知识性、功能性和审美性。很多专家也多次提及审美教育之重要，将美的内涵融入其中，使孩子在教科书中发现美、感受美，这也是我们这次修订的重点。我们期盼人教版新教科书能使孩子们从中得到更多、更全面、更系统的审美升华。

一切美好的愿望都从这套教科书开始。

余秉楠

丁辰 等

受访者：余秉楠教授
访问者：丁辰、冯昀茜、郭宏观、杨立国
摄影师：张明敏
录音整理：冯昀茜

余秉楠
清华大学美术学院教授
国际平面设计师联盟（AGI）成员
国际平面设计协会联合会（Icograda）
前任副主席
曾获得德国莱比锡市政府颁发的
谷腾堡终身成就奖
国际平面设计协会联合会（Icograda）
颁发的杰出成就奖

余秉楠作品

1《歌德》手工书
2《关于党的建设》手工书

缘起 >

问：余老师您好！听说您正在筹备自己的个人回顾展，今天能接受我们的采访，谢谢您。余老师，您的求学历程与执教经历是丰富而传奇的，您对中国字体设计与书籍设计领域的贡献激励了一代代设计师和学习设计的同学们。

根据之前对您的了解，您上学时报考的是美术类学校，在那个年代选择美术专业是比较少的吧？您是如何选择的，是因为受家庭环境熏陶还是出于自己的兴趣爱好？请讲讲当时是怎样开始您的求学之路的。

余秉楠：我家中没有搞美术的。我5岁在上海上小学。第一堂美术课，我画了一只色彩斑斓的鹦鹉，得到了老师和父母的鼓励，这大概是第一次种下了艺术的种子。抗战时期，我随家人回到老家江苏无锡大墙门镇。那是一个繁华的小镇，有商店和集市。我喜欢集市上卖鞋样的老太太随手剪出的剪纸，还有民间艺人手下的泥人，觉得非常神。印象最深的还是过年，有跳财神的挨家挨户去讨个彩头，人们用糯米做的团子或者年糕做谢礼，小孩子们就跟着看。上初中时，走10里路到学校，沿途尽是绿油油的稻田，春天油菜花一片金黄，村庄白墙黑瓦，院子里桃花梨花怒放，江南水乡的色彩浓厚美丽，令人陶醉。收获的季节，总能听见农夫悦耳的山歌。这一切都为我所深深眷恋，不管是后来上大学还是出国学习都有这个影子。我上中学时爱做手工和画画，记得做了几样东西，老师很赞赏。第

年轻时候的余秉楠

一次是用竹子做书签，把竹片削薄，画一只孔雀或者凤凰，打个眼穿上绳就做成了。我也爱好音乐。那个年代在农村没有像样的乐器，全校只有一架风琴，自己琢磨一下五线谱也能弹奏几个小曲。我们那里流行丝竹[1]，农民大多会拉二胡、吹笛子。我在老家找到了一本工尺谱[2]，琢磨琢磨也能够吹拉了。1949 年我到无锡人民政府报到，分配在税务局工作。10 月份建国的时候，让我布置会场，搞游行队伍的标语和漫画。从此我搞美术机会来了。

问：余老师，您当时还没有受过正式的专业美术训练，是很多人都能胜任这份工作，还是您在美术方面有天赋？

余秉楠：在税务局我一个人干，有两个人帮我剪字当助手。要游行了他们就让我画，我就这画一点那画一点。比如做个圆形的能边推边转的推车，四周再画些抗美援朝的漫画。我有时也给报纸投稿，也画电影宣传画。后来我被调到工会专门做宣传工作。1952 年，我想去求学深造，从报纸上挑选了三个学校。杭州美专风景好也很有传统，西安美院是四大古都之一，非常向往。不过最吸引我的是鲁美，它是从延安鲁艺发展来的。三个学校都要我，但是单位不放。我去找人事科长，用半个小时磨他，但还是拖了一年上不了学。

问：您当时多大？

余秉楠：那时候是 1952 年，19 岁了。

问：您当时胆子真大，那个时候就敢和领导硬磨。

余秉楠：磨不下来啊。后来一个新提拔的人事科副科长把我放了。我写信去鲁美，那边说你来吧。到学校后要考试，考完也合格了。这就是我的求学历程。

问：当时上学对经济条件有要求吗？

余秉楠：鲁迅美术学院[3]沿袭的是鲁迅艺术学院的传统，是免费的。

3

4

A Double Life
of 80 AGI Designers

Creativity and sense of humer

创造力与幽默感
80名AGI会员的双重生命

原著 [意大利] Armando Milani   编译 余秉楠   河南美术出版社

5

莱比锡书籍艺术与平面设计大学

问：所以您没有顾虑将工作停下来？

余秉楠：我不知道是免费的，反正豁出去了。路费是单位出的，我记得补助了40块钱，还有点富裕呢。（笑）

问：当时您的家境如何？能否供得起上学？

余秉楠：战争年代，父亲失业，母亲病逝，家里很穷。我工作以后，老家给我分了一亩地。我将小姐姐介绍到苏南军区医院当护士，她又分到了五分田，这就是我家当时的家产。

问：您当时一心要去学画，家里是什么意见？

余秉楠：哈哈！家里当然支持我们家的第一个大学生啦。

求学 >

问：您那时是走了非同寻常的路线，您在鲁美学的什么专业？

余秉楠：我在税务局工作4年，养成了听从组织安排的习惯。入学时是学绘画的；二年级的时候学校动员说图案系人太少，便学了染织；半年后又说平面缺人，又去学平面。在德国学德语期间，我国教育部留学生司司长来视察，我向他反映，德方安排我去莱比锡书籍艺术与平面设计大学学习，那个学校最棒的是书籍设计。他说，好啊，这是我们国家的冷门，你就学这个吧。那时候在德国有6个中国学生，有中央美院、鲁美和南艺的，学设计的只有我一个。第一个星期上课时我发现不对劲儿，一问才知道这个班是学版画的，老师说我们以为你们都是来学绘画的呢。我又转回

去德国留学前在天安门留影（1956）

问：您从鲁美毕业后去德国留学，是经过怎样的考核方式得到这个机会的？当年同您一起去德国留学的有几人？

到书籍设计那边。这个学校的书籍设计在国际上享有盛誉，尤其在字体、版画和版面设计方面非常优秀，已有近 250 年的历史了。

余秉楠：德国有它独具魅力的传统。它是包豪斯的诞生地，是现代设计的发源地。包豪斯的理念是将艺术与工业完美地结合起来，强调设计中的功能主义原则，其主要特征是理性、地道、严谨。它所创立的教育理论教学方式影响了全世界的设计教育，并使所有的设计师意识到为大众设计和为工业化设计才是设计的真正目的。柏林艺术大学、乌尔姆设计学院、莱比锡书籍艺术与平面设计大学、斯图加特设计学院、慕尼黑工业大学、卡塞尔艺术学院、汉堡艺术学院……那里有相当完整的设计教育体系，而且那里人的动手能力都很强，可以学到不少东西。

问：您在德国留学时大概 20 岁的样子吧，那时有什么课余爱好吗？

余秉楠：在鲁美的时候我兴趣就很广泛，那个年代没有电视也很少看电影，所以周六的晚上经常有舞会。我是乐队的，手风琴、黑管都能凑合着玩儿。到德国后依然很活跃，逢年过节的时候，我都会布置会场参加演

11

出。有位从南艺来的舒传熹同学，他总是和我做搭档，他拉二胡，我吹笛子。还有舞狮、红绸舞、荷花灯舞，我也都玩过。不过回国后就没有参加什么活动了，到清华美院变得老老实实了。（笑）因为我认为，爱读书，爱旅游，对音乐、舞蹈、戏剧等姐妹艺术也要有兴趣。爱好越广泛，知识越丰富，对学习和创作就越有帮助。

与字结缘 >

问：从 1956—1962 年，您在德国待了 6 年，这期间曾经创作过一种著名的字体"友谊体"。当时您学习的是书籍设计专业，同时在字体设计方面的表现尤为突出。

余秉楠：除了字体，我也学素描、图案、版面设计、插图和艺术史论。字体是平面和书籍的重要组成部分，又是基础的基础。我写字时一写就是一整天，写了几个月。开始不理解，觉得枯燥，写写就打瞌睡，但是坚持一两个月下来就好了。起初老师是不给字帖的，用圆头和扁头的钢笔，26 个字母的大小让你随便写，训练的目的是把握字母的结构，待结构正确后便开始临摹。最早临摹的是罗马大写体，它是根据公元 1 世纪罗马图拉真胜利纪念柱碑文整理后的字体，端庄典雅、匀称美观，构成了完美无瑕的因素。之后按照字体的历史，按部就班地临摹，几个月下来，中世纪、文艺复兴、古典主义的风格都有所了解，如同学习了一部艺术史，受益匪浅。

问：虽然是书籍设计为主，但是字体设计是非常非常重要的基础。

余秉楠：对，字体设计和版面设计是最重要的基础。写好字的同时也兼具了鉴赏能力，识别字的好坏，字体怎样与其他元素搭配就都懂了。写字的

12

13

14

规律，例如中心、比例、对比、组合……也是与姐妹艺术相通的。版面设计也很重要，第二年就有这门课了。1959 年恰逢莱比锡国际书籍艺术展览会，其中版画展出版了一本画册《世界和平》，展方需要出中文版。找我做设计，版面设计就用上了，而且它还是我的处女作呢。

问：版面设计的训练方式是什么？

余秉楠：主要特点是强调自己动手。在学校的印刷工厂，有师傅做技术指导。按照设计好的稿子排字组版，印成打样，便得到一张初步的印刷品，经导师指导后，做进一步完善，直到满意为止。铅字装在一个抽屉里，字母摆放的顺序是固定的，几个月下来闭上眼睛也能排字。当字体设计和版面设计两个基础打好之后，其他如色彩、图片的问题就都好办了。封面设计也是版面设计的组成部分，原理是相同的。书籍的形态、材料和制作是在装订工厂进行的，方法与前面相同。学校很强调书籍的整体设计理念，从开本、字体、版面、插图、护封以及纸张、印刷、装订等全部一气呵成。

问：在您留学期间，是否感到自己固有的中国传统思想与德国现代设计思想之间存在冲突？

余秉楠：当时国内是向苏联学习，视社会主义现实主义为正统，资产阶级流派则遭到批判。德国的绘画很夸张抽象，起初不敢学。中央美院两个老师来访时，我问他们怎么办，他们说国内还是提倡现实主义。他们谈及对

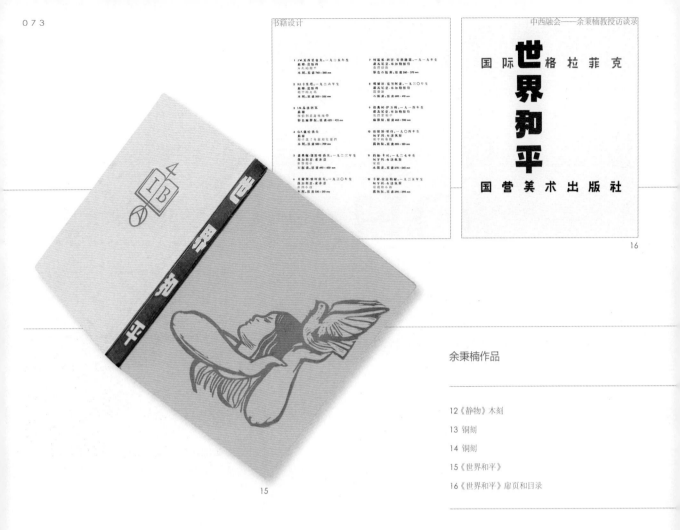

毕加索的看法时讲的是活话，既不肯定也不否定，让我们自己考虑。所以我们不知道怎么办，在设计上也有矛盾。国内基本上视其为装饰，比如暖瓶，几十年只在瓶身上不断换个纹样，这不是现代设计。书籍设计画个封面、画个插图就行了，其他的被作为技术设计由文编或印刷厂来做。我们很崇拜在这里学习和工作过的歌德和珂勒惠支，能看到很多珂勒惠支的版画作品。德国绘画擅长表现主义[4]，它能够更典型、更集中地反映社会矛盾，场面充满梦幻式的魅力。素描课讲究结构素描，强调肌肉骨骼而不是只看外表的线条，能抓住事物本质。我们是低年级坐飞机，等高年级明白了，也快毕业了。不过我对这种转变还是比较顺利的，毕竟我不是学绘画的，而且我很喜欢书籍设计中的古典主义和构成主义（至于网格设计和自由版面设计，是回国后在国际交流中学到的）。所以回来后有些人就改行了，比如学版画的改国画了，还有的搞党务了。

问：您刚才说很多人回来后，怕自己画的东西在国内不被接受，那么您当年去德国留学是否带有政治任务？

余秉楠：国家对我们期望很高，只想好好学习，回来报效祖国。

B

OHam

xyz

ABCDEFGHIJKLMNO
PQRSTUVWXYZÄÖÜ
abcdefghijklmnopqrstu
vwxyzßäöüchck .,-:;!?&
[]*†'„«·/— 1234567890
ˊˇˉˋ   120

ABCDEFGHIJKLMNO
PQRSTUVWXYZÄÖÜ
abcdefghijklmnopqrstu
vwxyzßäöüchck .,-:;!?&
[]*†'„«·/— 1234567890
ˊˇˉˋ   1234567890

OHamburgosen
burgosen

余秉楠作品

17 友谊体手稿
18 谷腾堡奖章反面，1989 年德国莱比锡市政府颁发谷腾堡终身成就奖

18

友谊体 >

问：在您留德期间，设计了那款著名的字体——友谊体。这套字体的完成您用了多长时间呢？

余秉楠：1958 年我国推行汉语拼音化，导师让我设计一种能用于多种用途的拉丁字体，正好我也想为祖国的汉语拼音方案做些事情。准备工作时间比较长，需要酝酿、练习、写草稿。画正稿也就半年。这套字体从构思到最终完成用了一年多的时间。

问：人们一看到友谊体就觉得它是中国字体，为什么？

余秉楠：我想这是自然地流露。学校强调用钢笔书写，字体自然流畅。我用一支旧毛笔削制成竹笔，它有弹性而且比钢笔软，书写时该重的地方压一下，轻的地方松一松。德国人看了很奇怪，问我是不是中国书法就是这样有顿笔的。我在鲁美学过图案，受二方连续的影响，写拉丁字母执笔要保持 15°左右的角度，到写衬线时再把笔转成水平。但我在写衬线时没有转笔，保持原有的角度并带一点圆弧，字母排成行的时候就产生了波浪形，显得有韵律和动感。大写字母的比例参照了罗马大写体，相应的小写字母来自卡罗琳小写体，并与大写字母相和谐，阅读效果良好。

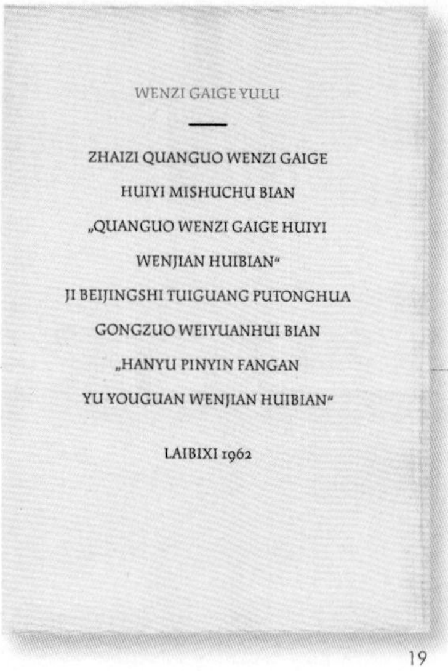
WENZI GAIGE YULU
ZHAIZI QUANGUO WENZI GAIGE
HUIYI MISHUCHU BIAN
„QUANGUO WENZI GAIGE HUIYI
WENJIAN HUIBIAN"
JI BEIJINGSHI TUIGUANG PUTONGHUA
GONGZUO WEIYUANHUI BIAN
„HANYU PINYIN FANGAN
YU YOUGUAN WENJIAN HUIBIAN"
LAIBIXI 1962
19

余秉楠作品

19《文字改革语录》

20《毛主席诗词》附录

21《毛主席诗词》内文

22《毛主席诗词》书套

问：这就是与当时其他拉丁字母字体不一样的地方。

余秉楠：对，最大的不同就是这两点：一是顿笔，二是波浪形。德国人说它有了中国特征，是创新。画正稿的时候，学校请了字模厂退休的老师傅奥托·艾尔勒来辅导。他帮我画定了顶线、肩胛线、基线和底线等参考线，将字母进行严格规范，并在技术上给予指导。后来东德总理格罗提渥[5]来学校视察，导师把我叫去陪同参观。到印刷工厂时，他的秘书把我带到一间屋子里谈话，大意是周恩来总理希望借中国汉字拼音方案公布之际，为中国培养一个能设计拉丁字母的留学生。格罗提渥很重视，他指示文化部拨专款生产这套字母。这套字母原来打算作为中国国庆十周年贺礼的，不过没有赶上就延后了。最后完成是在1960年，我用它排印了《毛主席诗词》和一些别的印刷品。1963年，在莱比锡大学的一次隆重的仪式上，这套字母作为赠给中国文化部的礼品授予中国的王国权[6]大使。这是第一套由中国人设计完成的拉丁字母印刷体。

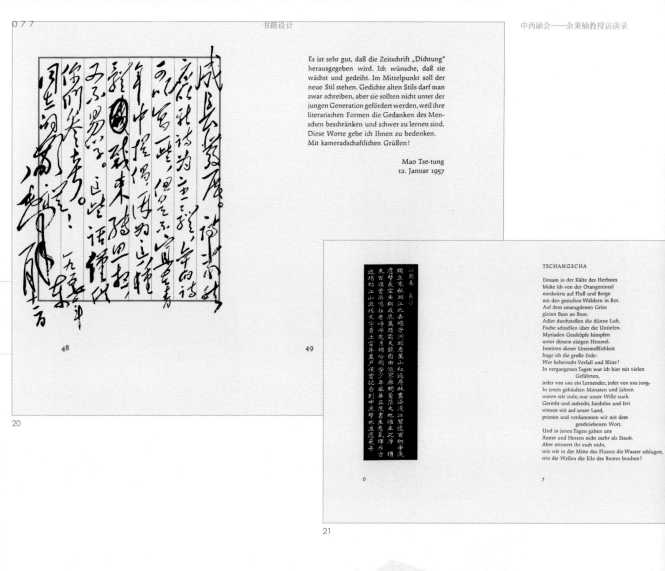

48

49

20

6

7

21

22

WOLFGANG HÜTT

23

余秉楠作品

24

459. Moskau · Wettbewerbsmodell für den Sowjetpalast · A. B. Borezki und Mitarbeiter · 1957 bis 1958

641

25

WOLFGANG HÜTT　WIR UND DIE KUNST

WIR UND DIE KUNST

26

WOLFGANG HÜTT

WIR UND DIE KUNST

EINE EINFÜHRUNG IN KUNSTBETRACHTUNG

UND KUNSTGESCHICHTE

HENSCHELVERLAG BERLIN 1962　　　MIT 504 ABBILDUNGEN UND 24 FARBTAFELN

问：当时取名为友谊体，指的是中德友谊？

余秉楠：导师让我起个名字。我想都没想就说"友谊体"。因为有德国方面从上到下的帮助。导师很高兴，他在写给格罗提渥总理的信中写道：这套字母的完成同您与文化部的帮助是分不开的，所以友谊体这个名称是恰如其分的。后来德国学生用它印刷书籍的时候，口头上叫它中国字体，就改称中国字体了。

回国做字 >

问：余老师，您回国后曾在上海参与了《辞海》中多种字体的设计创作工作，还曾担任过日本森泽奖字体设计大赛的评委，以及多次的方正字体设计大赛评委，可见您在字体设计领域的突出贡献与成就。那么想请您谈谈当年在上海设计中文字体时所用的方法与之前在德国学习的方法是否相同，那时国内是否已有完整的中文字体设计方法与体系，同时请您就这些特殊的经历谈一谈中国的字体设计。

余秉楠：20 世纪 60 年代初，上海印刷技术研究所设立印刷活字研究室，它是我国第一个字体设计研究机构，也是成果最集中的地方。从 1961 年开始，最先写的是专为《辞海》设计的宋一和黑一，第二年写专为毛泽东选集设计的宋二和黑二。1962 年 9 月，我由文化部出版局派往参与工作。研究室由三方面的人员组成，书法家、刻字工人和出版社美编。他们各有所长，但在设计的方法和理论上处于边干边探索之中。我的任务是学习和交流，并参与字稿的修改和调整。我发现中、西字体虽然在方法上不尽相同，但是艺术规律却是相通的。例如视觉中心、横细竖粗、主副笔画以及在大小统一、均匀稳定的处理上也是相似的。于是在工作中找到了与他们切磋的共同语言，并且把在德国学到的知识写成《我怎样设计友谊拼音活字》一文，供参考之用。

29　　　　　　　　30

31

32

问：当时是不是还有一个英文的辞海细体?

余秉楠：1962 年春天,《辞海》快要印刷了,研究室要我给它配上外文。我看了字样,十分齐全,包括拼音、法文、德文、俄文、希腊文、西班牙文、葡萄牙文,囊括了几乎所有拉丁语系和斯拉夫语系的字母,还有众多的化学和数学符号,一共 566 个字符。我琢磨怎么写,给《辞海》配套,必须在字体灰度和风格上与《辞海》统一。我选择钢笔作为书写工具,先练习了好多天,不断地淘汰和改进,再把满意的字符剪下来粘在一起看,感觉满意了就画正稿。两个月左右就完成了,非常快。后来我起了个名字"辞海细体"。它有着纤细明亮的线条,显现出挺拔飘逸和现代感,并具有良好的阅读性,和宋一搭配是非常合适的。

教书育人 >

问：以上这些都是印刷字体设计,那么美术字与印刷字体的区别是什么?

余秉楠：美术字是当时社会上普遍的叫法,就是除了书法以外的都叫美术字,包括印刷字体和装饰字体。当时我也随大溜。欧洲人都叫字体设计,

33

34

余秉楠作品

35

ABCDEFGHI　　　　*ABCDEFGHI*
JKLMNOPQR　　　　*JKLMNOPQR*
STUVWXYZ&　　　　*STUVWXYZ&*
abcdefghijklm　　　　*abcdefghijklm*
nopqrstuvwxyz　　　　*nopqrstuvwxyz*
,.:;'""!?[　　　　*.,.:;/""!?[*
)§/†⋆«»«»--—　　　　*)§†⋆«»«»--—*
1234567890　　　　*1234567890*

36

37

38

39

41

40

余秉楠作品

42

45   46

43

44

没有美术字一说。所以再版的时候我就叫它《字体设计基础》了。

问：20 世纪 80 年代您出版的那本正方形的《美术字》印刷有 13 次，印数 1356000 册，堪称字体设计的圣经，对艺术设计教育有很深远的影响。书中您采用正误对比的方式深入讲解了如何进行字体设计，并配有大量的字体设计案例。那么当年书中的观点到现在是否有什么变化，请您谈谈这本书。

余秉楠：1993 年《美术字》改版为《字体设计基础》，以后又改版了两次。其观点没有改变，主要是扩充内容，更新资料。因为当初没有电脑，后来增加了一些电脑做的有色彩和深浅变化的字。还有我称之为文字游戏的东西，即根据汉字的含义发展成海报或书籍封面，拓展汉字在实用性方面的作用。

问：您出版这本《美术字》的初衷是什么？

余秉楠：1980 年出版的《美术字》是便于教学用的一本教材。它是我探索中、西字体设计的总结，也是我求学和工作经历的一个侧面。

问：您那一代的老先生们对汉字都怀有很

余秉楠：中国人应该非常重视、喜爱汉字，要写好汉字。汉字有几千年

47

深的感情，想必您也一样。

的优秀传统，在世界上是独一无二的，它是世界的瑰宝。在外国人看来，汉字是非常好的抽象艺术。可惜现在用了电脑以后，很多人反而写不好字了。

问：今天我们学的都是西方的东西，平面构成、网格和排版设计……汉字本身与英文字母是两个完全不同的体系，一个是表意文字，一个是表音文字。所以有时候觉得我们用汉字在一味地学习模仿西方的海报设计、字体设计、版面设计和书籍设计，总像是拿圆形的模具在方形的格子里打转，这是因为方法存在误区还是过于盲目西化？

余秉楠：我们要做的是将传统与现代社会融合，进行东、西方的对话。在老工艺美院上课的时候，我每次都会敲打敲打学生，让他们不要用外文要用汉字。毕竟将来工作后面对的客户是以中国人为主，不会用汉字做设计怎么行。

问：我们现在都还是这样呢，觉得外文做出来更好看。

余秉楠：现在还这样啊。（笑）外文可以用，但中文是主要的，要看它的阅读对象来定。汉字现状并不乐观。早先我们从日本进口，"文革"时字体设计受到挫折，研究队伍解散，字体设计处于停顿。2000 年北大方正举办字体设计大赛时我非常高兴，连续参加了十年五届的评奖。中国字体设计在发展中还存在瓶颈，做字的人地位不高，工资偏低，都不太安心，好的字体设计师不多。北大方正字体设计竞赛搞得轰轰烈烈，但学生参赛占多数，作品创意虽好但基本功是条短腿，能够生产的只是凤毛麟角。评委大多是著名平面设计师，他们通常会将字体当作一幅画来看，对印刷字体的要求并不内行。印刷字体要健康发展，国家要重视，学校要作为学问来做，要加强研究队伍建设，培养更多的人才。

问：除却求学的经历外，您很重要的经历是在老工艺美院任教 50 年，能否和我们讲讲师生间的温馨小故事？教育体制也在不断改进变化着，您是否可以谈谈对现在教育体制的看法以及对我们的建议？

余秉楠：先说我的导师吧，他是包豪斯的老师，最擅长字体和版面，书籍整体设计非常好，在理论和社会活动方面也有许多建树。他还是反法西斯的战士，因为散发反战传单被捕入狱。上课的时候，与称呼其他同学不一样，他会在我名字前面加一个 Genosse[7]，叫我秉楠同志。这让我觉得很亲切。他说："我们要在书籍艺术上与资本主义国家竞争，超过他们，我会尽全力帮助你的。"因为这样一句掏心窝的话，我觉得我们的关系不一般。我把他作为榜样，一个值得学习的人。我常常想，一名好老师，不仅是教学好、业务好就行了，还应该有科研、有理论，在社会上有活动能力进行交流，他应该是全面发展的。我也尽力要求我的学生这样去做，典型的例子是介绍研究生出国实习和交流。赵健是第一个，回国后他说好像变了一个人，看到的东西和国内不一样，极大地丰富了阅历。后面的陆续出去，最后是吴文越夫妇一起去的。当时学校有规定，学习期间的学生不能出国，但我们冲破了旧体制。我们学校当时叫中央工艺美术学院，体制刚在转变，在这种状态下培养出来的学生不可能是最优秀的。社会上的情况也差不多。总之中国的现代设计还处于萌芽状态。

打开眼界 >

问：一方面把国人送出去，一方面把外国人请进来。您是自发并且自行承担费用把 AGI(国际平面设计师联盟) 和 Icograda (国际平面设计协会联合会) 引进到国内，是为了改变大环境？

余秉楠：这是值得的。虽然改革开放后我们的设计发展很快，但是抄袭模仿西方的现象严重，把老祖宗的东西拿来堆砌组装的做法很普遍。参加 AGI 是个巧遇，我很重视。1990 年，新闻出版署派我参加日本国际排版文字字体森泽奖竞赛评委会的工作。评委中只有石汉瑞和我会德语，他很喜欢我指导的学生创作的中文字体，很愿意和我交流。两年后他介绍我加入 AGI，成为第一个华人会员。这件事说明交流很重要，首先是视觉，然后是语言。2000 年，我担任了 Icograda 的副主席，与外界的接触更加广泛了。在这两个国际上最权威的专业组织里，我认识了很多顶尖设计师，邀

48

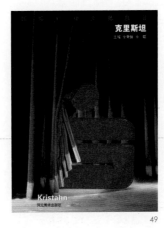

49

50

51

余秉楠作品

52

53

54

55

56

57

58

余秉楠作品

55.56《二十四史》书籍整体设计

57~59《出土文物三百品》书籍函套和封面设计

59

60

61

余秉楠的社会学术活动

60　2002 年，余秉楠获 Icograda 杰出成就奖

61　1993 年，AGI 纽约蒙陶克大会，参观别墅建筑群

62　1989 年，莱比锡国际书籍艺术展览会评审会现场

请他们来中国讲学、办展览和开研讨会，也引领中国设计师去国外交流。1994 年，我提议在中国举办 AGI 大会，他们说条件还不成熟。经过多年的发展和交流，他们看到了中国设计迅速发展的现实。经过艰难的申办，2004 AGI 北京大会和 2009 北京 Icograda 世界设计大会顺利在我国举办了。通过这些活动的举办建立起国际交流平台，也意味着国际上对中国设计水平的肯定和尊重。中国走向世界，世界来到中国，意义重大。

过去未来 >

问：在当下社会里，电子书是个比较受争议的话题。电子书籍具备任意放大、缩小的功能，可以插入音频、视频和超链接，于是对于书籍的编排与逻辑性的要求更高，这是否是对设计难度的增加？

余秉楠：难度在版面上。如果你在书籍上表现出优秀的版面设计能力，在电脑上也一样没有问题，因为原理是相通的。如果你对电脑很熟悉，技术上的困难不大。版式设计的能力是随着日积月累的经验增长而不断提高的。近几年，猜测纸质书将被电子阅读替代的声音渐多，我不同意这种看法。因为人们阅读纸质书籍是几千年来的习惯，不容易改变。它有它的特

点，书的手感、书香都是电脑没法替代的。纸有发亮的、灰的、米黄的，照片需要纸白一点，文字类的纸不能太白，会晃眼睛。电脑看时间久了眼睛会受不了，这也是纸质书的优点。口袋书很方便，可以随身带。但在便捷性上电脑确实独具优势，可以放大、缩小，可以三维动画，可以链接，所以纸质书和电子书是互相补充的。

问：如果从书的角度来看，有最美的书，那是否有可能会有最美的电子书？

余秉楠：现在还没有看到电子书的评审，我相信将来会有。电子书会越来越多，而且谁会电脑都可以做，但做得好坏还是应该有一个评价。

问：有人说，现在是一个最好的时代也是一个最坏的时代。当前对于传统出版业的怀疑，使得书籍设计尤为如此。您之前也说过，在传统设计与现代信息时代下是存在一些冲突的。当下一部分设计师是在走向光滑的虚拟世界，比如屏幕和投影；而有一部分人会选择更有质感的世界，比如纸张的质感和物体的质感，它们是会分流的。您拥有早期宝贵的留学经历以及回国后从事的丰富设计工作，其中文化的差异，技术的变革，您应该有比任何人都深刻的感触。那么您对平面设计尤其书籍设计的未来是怎样看的？

余秉楠：你自己已经回答了不是吗？（笑）新事物产生会威胁到原有的事物。电脑的出现对大家都是好事，包括出版社。因为原有的经营模式与老的技术是不行了，必须要改革。记得20世纪六七十年代的书，一本书里的纸有好几种颜色，黑的、灰的、黄的；印制也很粗糙，比如，设计的封面位置定好了，但印出来后画面就偏下了，装订的时候随便一切，不看你原稿是什么样的，这是很无奈的事情。出版社如果要与电脑并行在这个时代，能够百花齐放，应该转变理念，在内容、设计、工艺和材料方面进行改革和提高，这样就会有发展。

问：电脑时代视觉风格无界限，无论是今天还是未来的设计师都需要更强的能力和素质。

余秉楠：对，你们比我们那个时候需要更强的能力和素质，将来对社会的贡献也更大。

63

66

64

67

65

68

余秉楠的社会学术活动

63 1986 年，卡伯尔教授在讲课

64 1990 年和 1993 年，参与日本国际排版文字字体森泽奖竞赛评审团

65 1993 年，AGI 纽约蒙陶克大会，与福田繁雄（日本）在游船上

66 1995 年，北京国际 AGI 企业形象设计五人展

67 1993 年，AGI 纽约蒙陶克大会，左 2：乌韦·勒施（德国），左 3：石冈瑛子（日本），左 4：丹雷辛格（以色列）

68 2000 年，率团参加 2000AGI 巴黎大会

问：您觉得我们这代年轻人最重要的问题或最缺乏什么，能否给我们一些建议？

余秉楠：从本质上讲，你和我们这一代人是一样的，目标是寻找中国当代视觉设计的道路和方法，用中国现代的、国际化的视觉语言来表现我们独有的传统文化。但是你们的条件好多了，没有战争也没有搞运动，可以安心学习和工作。首先要热爱自己的专业，它会使你们的生活完美而有意义。其次要有社会责任心，要为社会做有益和有贡献的事情。再次是在学习和工作上要有创造性，不要盲目地跟着别人走，别人是给你借鉴的，你要踩着他的肩膀继续前进。无论什么专业都值得我们去学，只要钻进去了就会发生兴趣。有些人搞摄影看拍电影的好，做平面看做雕塑的好，不要变来变去。年轻人对什么都感兴趣，兴趣广泛很好，但是最后要选择一个奋斗目标。因为要成就一件事必须持之以恒。

问：太感谢余老师了！

与学生的合影（2012）

[1] 弦乐器与竹管乐器之总称。亦泛指音乐。

[2] 工尺谱是中国民间传统记谱法之一。因用工、尺等字记写唱名而得名。

[3] 鲁迅美术学院前身是 1938 年建于延安的鲁迅艺术学院，由毛泽东、周恩来等老一代领导人亲自倡导创建。毛泽东同志为学院书写校名和"紧张、严肃、刻苦、虚心"的校训。1945 年，延安鲁艺迁校至东北。1958 年发展为鲁迅美术学院。

[4] 表现主义 (Expressionism) 这个词被用来描述一个特定的艺术风格，但是事实上并不存在一个被称为"表现主义"的运动。这个词一般用来描述 19 世纪末 20 世纪初德国反对学弗兰茨·马尔克的《林中鹿》术传统的绘画和制图风格。

[5] 奥托·格罗提渥 (O. Grotewohl, 1894—1964) 德国工人运动活动家，德国统一社会党第一任主席和民主德国前国家领导人。

[6] 王国权，原名康午生，原民政部副部长、外交家。1957 年任驻德意志民主共和国特命全权大使。

[7] Genosse，德语，意为同伴、同志、同事、朋友。

一、源起

2011 中国国际图书博览会期间，应组委会邀请，中国出版协会装帧艺术工作委员会与雅昌企业（集团）有限公司合作，成功举办了"书韵华风——中国当代书籍设计艺术展"，受到出版人、读者及书籍艺术爱好者一致好评。因此，今年国际书展组委会再次邀请艺委会与雅昌企业（集团）有限公司主办 2012 展览。

三、参展设计师（依姓氏笔画为序）

01 小马哥／橙子	08 朱赢椿	15 赵清
02 王子源	09 吴勇	16 符晓笛
03 王序	10 杨林青	17 韩济平
04 王粤飞	11 张达利	18 韩家英
05 宁成春	12 张志伟	19 韩湛宁
06 刘晓翔	13 速泰熙	20 鞠洪深
07 吕敬人	14 赵健	

二、展出时间及地点

2012.08.29 至 2012.09.02

地址：中国国际展览中心 新馆

北京市顺义古城东大街 7–5 号

2012.09.04 至 2012.09.28

地址：北京雅昌艺术中心

ARTRON 北京雅昌彩色印刷有限公司 B1 层

北京市顺义区空港工业 A 区天纬四街 7 号

四、展出形式

利用雅昌艺术馆的活动墙，采取每两位设计师一面墙，每位设计师一个展柜的形式，结合北京雅昌工坊的手工书籍、应用新工艺的书籍共同诠释主题。

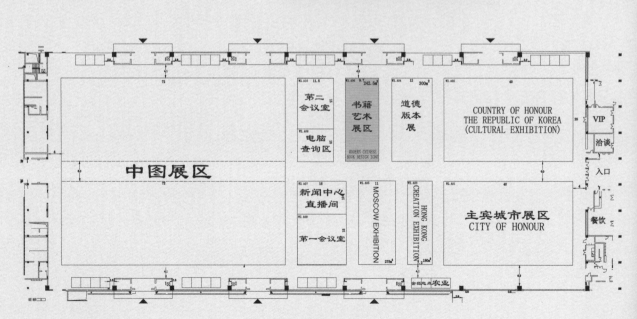

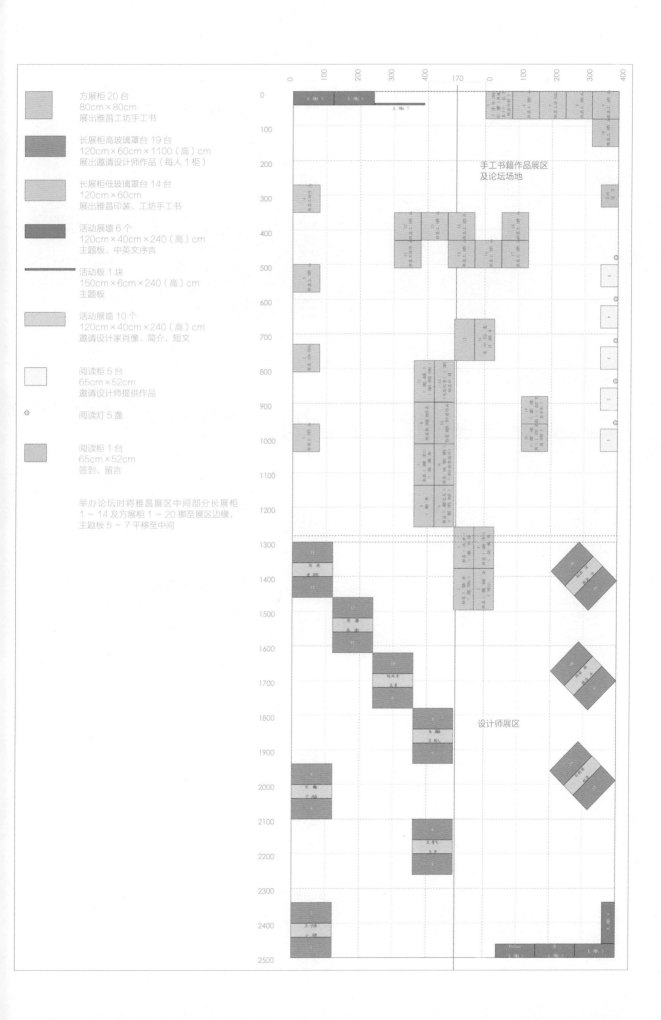

五、展览序言

序

吕敬人

Preface

Lyu Jingren

书的设计，就是通过物化手段，将视觉化信息展示给读者。这是设计者在制作一本书之前必须具备的设计思路。

"新设计论"是书籍形态的外在观赏美和内在阅读美相结合的概念，即：艺术 × 工学＝设计²。这是用感性与理性来构筑视觉传达载体的思维方式和实际运作规则，使设计达到其原艺术构想定位的平方值、立方值乃至达到多次方值的增值设计结果。

艺术感觉是灵感萌发的温床，是创作活动重要的、必不可少的一步。设计则相对来说更侧重于理性（逻辑学、编辑学、心理学、文学……）过程中体现的有条理的秩序之美。这还不够，还要相应地运用人体工学（建筑学、结构学、材料学、印艺学……）概念去完善和补充，像一位建筑师那样去调动一切合理的数据与建造手段，为人创造舒适的居住空间。而书籍设计师则与建筑师一样，要为读者提供诗意阅读的信息传递空间。具有感染力的书籍形态一定涵盖视、触、听、嗅、味之五感的一切有效因素，

Before designing a book, every designer should bear in mind that the book design aims to configure and visualize the information image of a book to his/her readers.

The "New Concept of Book Designs" has an integrated characteristic that combines external aesthetics of the books and internal vitality of reading. According to this theory, there is an equation that art times engineering equals design squared. As an important part of books, a good book design, which represents the perceptual vision and rational thinking of a designer, will achieve double, triple or even multiple effects when compared with the original artistic concepts.

As a prerequisite and necessity of artistic creation, the perception of an artist is the cradle of inspiration. Relatively speaking, the book design attaches more importance on the charm of order derived from the procedure of rationality, such as logic, editing, psychology and literature. Moreover, book designers also need to resort ergonomic theories to consummate and improve their designing works. Just like an architect who has to bring all rational data and construction means in designing livable houses, a book designer has the responsibility to create a communication space for poetic reading among his/her readers. An inspiring book must contain all efficient elements of vision, touch, listening, smell and taste in order to redouble the value-added effects of its original information. The concept that art times

从而提升原有文本信息的增值效应。艺术 × 工学＝设计² ——"新设计论"将成为当代书籍设计师应面对的前瞻性挑战，改变旧观念，以迎接数码时代，迎接与世界同步的中国书籍艺术振兴。

每一个领域都可视为一个独立的"世界"，然而其间又有一个休戚相关、密不可分的广垠世界，将装帧、插图、做书衣……孤立地运作已远远脱离信息传媒的时代需求，各类跨界知识的交互应用，必然拓宽该领域从业人员的视野和知识面，并大大扩展创意的广度与深度。

书籍是时间的雕塑。
书籍是信息栖息的建筑。
书籍是诗意阅读的时空剧场。

书是文本在流动中最适宜停留的场所，书籍空间中又拥有时间的含义，这是"新设计论"的核心概念，排除常规的书装套路和花哨版面的商业索求观念，书籍设计师该做些什么了！

面对电子载体唱衰传统阅读之际，书籍出版人、

engineering equals design squared is believed a guideline for contemporary book designers in dealing with the challenges of digital era. Such a new concept is also good for the upgrading of the obsolete concepts as well for the revival of China's book design in order to catch up with the tide of the world.

The arrival of information age has terminated the era that takes bindings, illustrations, book jackets and etc. as isolated components. Nowadays, every aspect of the book design is not only independent but also indispensable, demanding the interaction of different subjects and broadening the range and quality of artistic creation.

Books are sculptures carved by time.
Books are constructions of information.
Books are space-time continua of poetic reading.

The theory that a book is a space-time continuum to enables the flow of texts is at the core of the "New Concepts of Books." It is high time for Chinese book designers to give up all the clichés and flamboyant tricks, but to make breakthroughs in book design industry.

The surging of e-books in recent years is dwindling the scope of traditional

请柬
海报
展览册

设计师、印艺技术人员不能故步自封，应以全新的思考点去面对书籍的未来，并充满活力和理想去迎接这个奇妙无比的新书籍世界。

关于中国书卷文化的审美精神，早在《考工记》中就有这样的表述："天有时，地有气，材有美，工有巧，合此四者，然后可以为良。材美工巧，然而不良，则不时，不得地气也。"古人将"形而上与形而下"、"创意与物化"、"艺术与工学"的辩证关系已阐述得如此精辟。

本次展览将部分书籍设计师的创意通过工艺物化的配合，使设计的价值得以提升的实例展现给观众，其中没有主角与配角，而在闪亮登场的设计师的背后有着担当同样重要角色的幕后英雄们，设计师应感谢他们，并尊重他们的创造价值。

书籍设计是一种物质之精神的创造，作为物化

reading. Publishers, book designers and printing sector should not be intimidated by the austere situation, but they should think from a brandnew angle and welcome with vitality and dreams a splendid new world of books.

China has a tradition on the study of book design aesthetics. According to Kao Gong Ji, an ancient book that records the technical specifications, technological processes and regulatory regimes of the departments responsible for manufacturing during the Spring and Autumn Period (770BC-476BC), "A fine craftwork should well integrate correct timing, suitable climate, excellent materials and skillful craftsmen. If it fails to meet the demand of correct timing and suitable climate, even a skilled craftsman could not manufacture quality products." That is to say, ancient Chinese people have made a penetrating analysis on the dialectical relations between the formless and the form, art creation and materialization, as well as art and engineering.

The exhibition exhibits many splendid designing works that embody the exquisite interaction between designers' originality and the craftwork they have used. Standing in the limelight, the book designers should also express their gratitude to their assistants, who have played the same important role behind the curtain.

Book designs are the intellectual products. The "New Concept of Book

的书籍,"新设计论"——艺术 × 工学＝设计^{2}将使我们创造出更多让读者喜欢的书,并刻上美的时代印记。

中国出版协会书籍装帧艺委会和雅昌集团的合作也正体现艺术与工学相结合的理念追求,长期以来共同为中国的出版事业和书籍设计领域的发展提供交流互动的平台,这是一个理想,也是一种责任。我们期待更多的出版、设计同仁和印艺界的同行们共同努力,因为我们在为这个世界增添一些美好的东西!

感谢北京国际图书博览会组委会给予的支持。去年成功合作举办了"书韵华风——当代中国书籍设计展"与中国荷兰艺术家论坛,今年迎来作为主宾国的韩国同行们,就"东方文化在21世纪书籍艺术发挥怎样的作用"将展开积极而有益的讨论。

本次活动仍然得到北京国际图书博览会组委会的大力支持,在此深表谢意,预祝本次图书博览会圆满成功!

Designs" will help us create more books, which are loved by the readers and would produce a lasting aesthetic influence toward the era.

The cooperation between the Publishers Association of China book design committee and Artron Group also witnesses the pursuit of art and engineering. For many years, the book design exhibition has provided an exchange platform between China's publishers and book designers, which is not only an ideal but also a kind of responsibility. With the aim to create some beautiful things for the world, we are looking forward to making more efforts in the fields of publishing, book design and printing in the future.

Hereby we want to express our special appreciation to the Organizing Committee of the Beijing International Book Fair (BIBF), with which we jointly organized Shuyun Huafeng -- Exhibition of Contemporary Chinese Book Designs as well as the Sino-Holland book designers forum, As the main visiting country, South Korea this year has dispatched its book designers who will hold discussions on the topic "What kind of function will the Oriental Culture play in book designs in the 21st century?"

This event receives substantial support from the BIBF Organizing Committee. Thanks again and sincerely wish the exhibition a great success.

六、新国展展场及论坛

七、雅昌艺术馆展场

01

小马哥 / 橙子

1996—2000 年就读于清华大学美术学院平
面设计系，作品在国内外设计比赛中获得奖
项包括：
第 87 届纽约 ADC 世界艺术指导俱乐部银
方体奖
第 89 届纽约 ADC 世界艺术指导俱乐部铜
方体奖两项
2007GDC 平面设计在中国双年展全场大
奖、形象识别类金奖、出版物类金奖
2009GDC 平面设计在中国双年展金奖
2009 香港设计师协会亚洲设计大奖银奖
2010 伦敦 D&AD 黄铅笔 in book 两项
第六届全国书籍设计展金奖
第七届全国书籍设计展最佳设计奖两项
2004 年、2005 年、2006 年、2007 年、
2010 年 "中国最美的书" 奖八项
2011 "世界最美的书" 奖
参加 2007 大声展、2007X 展、70/80 设
计展、书籍设计 40 人展、TYPOJANCHI
2011 SEOUL: International Typography
Biennale
2009 年 ICOGRADA 世界平面设计大
会 ——文字北京 09 展、英国 AA 建筑学
院 Forms of Inquiry: The Architecture of
Critical Graphic Design 邀请展
2011 北京国际设计三年展
2012 年参加《纸张想象之路》韩、中、日
三国平面设计师邀请展（韩国首尔）

讨论 "设计 × 工学"，对于我个人来说一愣，我百度了一下 "工学"，发
现这个词十分深奥。其实深奥不是我惧怕的，学生时代为了学位，我曾经
写过深奥得自己都不知道写的是什么的论文。就我个人而言，设计是一个
工作，所有我对设计的认识来源全部都是实践和感觉，其实自然不自然的
都遵循了积累的工作经验、读者需求、客户意志和设计师自我欲望之间的
博弈规律。对我个人来说的工学，我关注：

1. 设计是否传达了内容本身；2. 成本是否可以完成我的想法；3. 我的设
计是否可以量化生产；4. 不能够量化生产我为什么要采用它；5. 手工的
意义是否值得；6. 我接手的设计任务是批量销售、少量销售还是作为赠
送；7. 读者能否领会我设置这样或某样的设计手段；8. 读者不能领会我
设置这样或某样的设计手段，对于读者的质疑我是否会坦然面对。

摘埴索途，愿真诚面对我的工作。

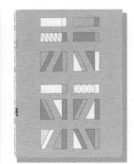

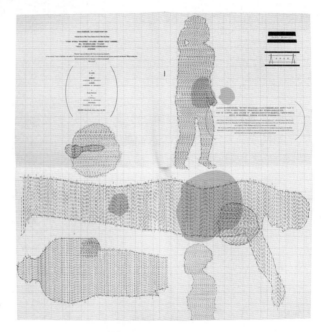

《未来》

《未来》项目是一个综合的展览出版项目，由无数的
基本单体元素，其实是积木不断地有机叠加、重组，
结果是万花筒般的不可预知。诠释"未来"的无限
可能。

《悖论的方式》

矛盾空间的中文字设计，不同阶段的作品独立成册，
单纯又力量强烈的封面和独特的设计语言。

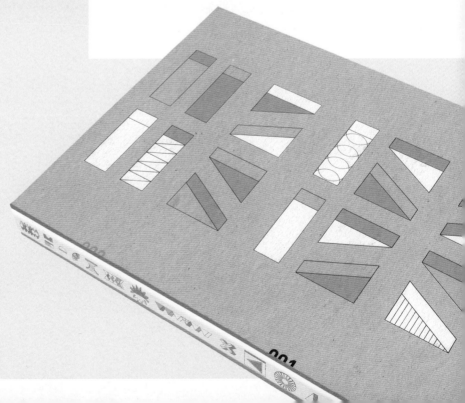

02

王子源

副教授、设计师，中央美术学院设计学院视
觉传达设计专业主任
中央美术学院奥运艺术研究中心副主任
2011年获博士学位
2003—2004年度"中国最美的书"奖
2005—2006年度"中国最美的书"奖
第六届全国书籍设计展览暨评奖艺术类金奖
2004年第十届全国美术展览暨评奖艺术设
计类优秀奖
2011年度"中国最美的书"奖

工学 × 艺术是否可以理解为"工 × 艺"？日本民艺学的奠基人柳宗悦在
《民艺论》里讲道："一个正确的工艺品如同圣书的一节，用质、形、色以
及纹样等代替文字来说明真理。哥特式时代的工艺与其同时代的神学叙述
了同样的精神，宋代的学术和宋代的工艺所阐明的是同样的精神。"在此
这个"工艺"的概念被解释为"实用品"的世界，绝不仅仅是只供观赏
的、美术的工艺品。由此我们也可以把"工艺品"扩展为现代设计品的世
界。而无论是传统的民间实用品，还是现代设计，都将利用"工艺"——
借助技艺和材料达到精神的叙述，这将成为一条亘古的真理，跨越狭窄的
现代"设计"概念所划定的、商品经济的陷阱，工学和艺术的结合本质上
也是我们关注自然的态度，我想现代书籍的设计也不例外吧。

《文字新生》

"文字·北京文字设计展"的展览图录。作为 2009 世
界设计大会的主题展之一，同时也被认为是国内首次
大型综合现代文字设计展，展览主要展示了从传统媒
介的印刷文字，到新兴媒体的互动和影视文字设计等
跨媒介、跨时代的 70 多位设计师的作品。
书籍封面的封套也是招贴，形成中、英两个不同的版
本，以纯文字编排设计。书籍主要分为文字部分和图
像部分，分别用字典纸和铜版纸印刷，字典纸模切后
每次的翻阅正好形成每个参展者信息的首页部分。

《吹烟与海马》

荷兰韩裔艺术家阿拉姆在北京的短期摄影艺术创作展

示，以一些不为人注意的视角发现北京。
设计以日记本的形式，简单的胶装使得内文的页面可
以替换现在的封面，书籍的面貌因此可能经常变化：
内页和封面的角色可以变化。
作品都没有题目和说明，我们以自语感的点线展示出
虚拟的题目：像是图片的无法解读感。

《艺术与人生》

采用传统的拉页和现代的胶装相混合的设计方法，既
体现出老艺术家朱乃正先生兼学东西、融会古今的艺
术造诣和思想，同时此书页的设计结构平整地展现了
艺术家的绘画作品。

03

王序

平面设计师，AGI会员，TOKYO TDC海外
会员，湖南大学教授
曾获100多项国际设计奖项，其作品在海外
20多个城市（地区）展出，被海外多家博物
馆收藏
曾应邀在多个国际设计赛事中担任评委，并
在国内策划多次展览

工学是设计要素之一。

无封面，

无封底，

无环衬，

无扉页，

无目录，

无序言，

无文章，

……

《一目了然

—— 安 尚 秀 行 为 摄 影 20 载 》

创作年份：2012

为 "一目了然 安尚秀行为摄影 20 载" 展览设计的书
籍（限量版）

04

王粤飞

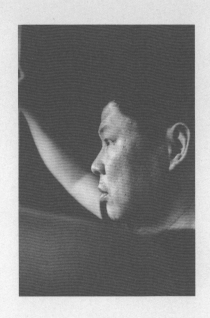

纽约艺术指导俱乐部（ADC）会员

国际平面设计师联盟（AGI）会员

深圳平面设计师协会名誉主席

深圳市文化基金艺术评审委员会委员

北京奥运会形象设计评委

广州亚运会组委会形象景观专家组顾问

深圳大运会形象景观专家评委

王粤飞设计有限公司创作总监

工学有"制"，艺术无边。

工学制造艺术，艺术为工学插上梦想的翅膀。

《中国平面设计师必备手册》   《天市源科技有限公司》画册

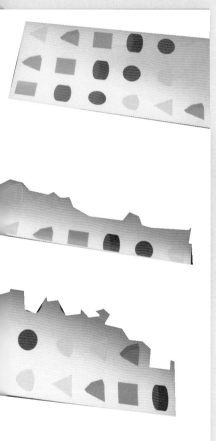

05

宁成春

1960 年考入中央工艺美术学院装饰绘画系
书籍美术专业
师从郑可、袁运甫、庞熏琹、刘力上、
邱陵、余秉楠等先生
1984 年受中国出版工作者协会委派赴日本
国讲谈社美术局研修一年
在日期间曾每周四师从杉浦康平先生学习书
籍设计
1986 年再度赴日本，在横滨国立大学教育
学院视觉研究室研修一年，师从真锅一男先
生其间曾在道吉刚先生、志贺纪子女士的工
作室工作学习
1986 年调入生活·读书·新知三联书店
任美术编辑室主任
2002 年退休，成立 1802 工作室至 2009
年结束
作品《宜兴紫砂珍赏》获香港政府及印艺学
会图书金奖
《诗琳通公主诗文画集》获日本东京亚太地
区图书设计金奖
担任全国书籍艺术展事评委

作为产品的书籍，与其他的日常用品一样，从来不能离开工艺，没有工艺不可能形成书籍。书籍有优劣，因此优秀的设计创意必须通过高超的工艺技能去实现。

比如，我 20 年前设计的《宜兴紫砂珍赏》，在书籍切口处我设计了左翻是鱼右翻是龙的图案。鱼和龙取自清代紫艺大师黄玉麟的《鱼化龙》作品。1991 年电脑还没有普及，工人师傅用手工拼版，把图片分割 240 份，每页顺差 1/240，每份还必须四色套准，这样无论在何处裁切都会形成完美的图像。另外还要求装订时每手活上下分毫不差，它的难度可想而知！7000 本成品本本精准，令人赞叹！

《宜兴紫砂珍赏》在香港 1992 年印艺协会评比大展上荣获全场总冠军的八个奖项，这就是工艺的力量！

作为设计师，工厂众多的工艺师是我们的老师、朋友，没有他们，我们一事无成。

《法古录》

《法古录》的作者是清代乾隆年间的江阴鲁永斌老先生，古稀之年博览前代本草，汇成《法古录》三卷。200年后，四川成都何家秀老人在76岁高龄之时，面对汶川大地震巨大灾难，忍着忧伤埋头苦干，耗时8个多月，用蝇头小楷一鼓作气抄完了18万多字的《法古录》。

波恩项目创办的中华医药国际交流中心，把此书作为礼品推向世界。

本书设计尽量做到既古朴又具现代气息，选用灰、金、银三种材料在深蓝布面上将文字、图像全部烫印而成。烫印效果精良，特别是函套板纸相交处切成45°角，使得函套外观边缘挺拔锋利。去掉传统的别签，用磁铁封合牢固。废弃线装，将筒子页无线胶订，体现了现代材质和工艺的进步与时尚。

06

刘晓翔

1987 年毕业于东北师范大学美术系油画专业
现为高等教育出版社编审、首席设计师
中国出版协会装帧艺术工作委员会常委
1999 年获第五届全国装帧设计艺术展览
社科类金奖
2004 年获第六届全国装帧设计艺术展览
社科类金奖
2005 年获"中国最美的书"奖
2006 年获"中国最美的书"奖
2007 年获政府出版奖提名奖
2008 年获"中国最美的书"奖
2009 年获第七届全国书籍设计艺术展
文学类、艺术类、教育类、科技类最佳设计
2009 年获"中国最美的书"奖
2010 年获"世界最美的书"奖
2011 年获"中国最美的书"奖
2012 年获"世界最美的书"奖
2010 年参加第七届东亚书籍论坛
（韩国坡州）
2011 年参加"美哉书籍"设计邀请展
（深圳）
2012 年参加"纸张想象之路"韩、中、日
三国平面设计师邀请展（韩国首尔）

书籍艺术是由编辑、设计师、承制方共同完成的，对于设计师来说，作品的最终完成度主要由材料、工艺选用是否得当，印装是否符合设计要求等决定。工学对于一本书的重要性是不言而喻的，而优秀的工艺技术不但能提升设计的质量，甚至能对设计产生影响，进而启发、拓展设计师的思路。优秀的工艺需要一代代传承，如果得不到应有的重视或没有给予适合的地位，再优秀的工艺也会逐渐消逝。消逝的技艺很难重现，离开工学的书籍也只能停留在设计师的工作室而无法将书籍艺术所传达的文本内涵和附着其上的美学观念传达出去。形而上固然重要，离开形而下的设计理念、设计技巧亦难以支撑设计本身。先人曰："天有时、地有气、材有美、工有巧。合此四者，然后可以为良。"

《文爱艺诗集 2011》

本诗集的设计理念定义为内敛的激情，用温和的暖白、暖灰色和鲜明的红色围绕这一理念展开主题：暖白色护封的正面是诗人的签名，把原本作为促销语的"评论"处理成环绕护封的文字符号；护封背面用红色印上本书插图局部；前后环衬的红色与书口色、护封背面色一致，加强了全书整体氛围和视觉感受。插图做黑白处理，使文本内容更加单纯洗练。

《边位场势美：绘画章法解析》

利用书匣材质半透明的特点，将封面和书匣的设计作为一个整体来考虑。封面没有文字，书匣上的文字信息除了书名、作者、出版社以外，还有作为书名的

"边位场势美"的具体阐释，以此破除读者的疑虑。书匣封面和封底的几何图案，是对封面、封底绘画的构图分析。书脊是一份完整的篇目录，如果把书脊和书匣脊放在一起，则有对应的篇页码。本书的设计契合了文本内容对艺术作品进行构图分析的主题。

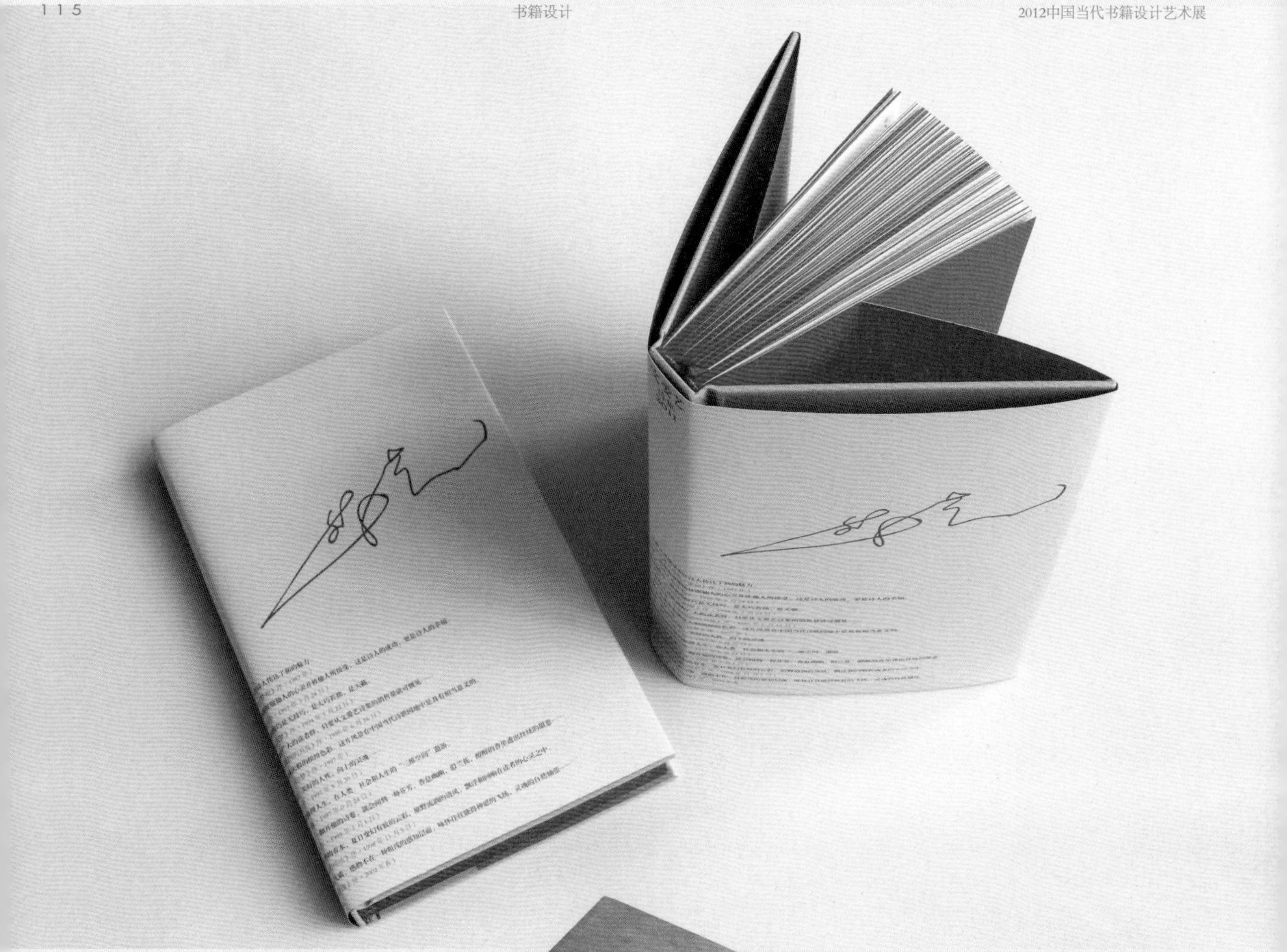

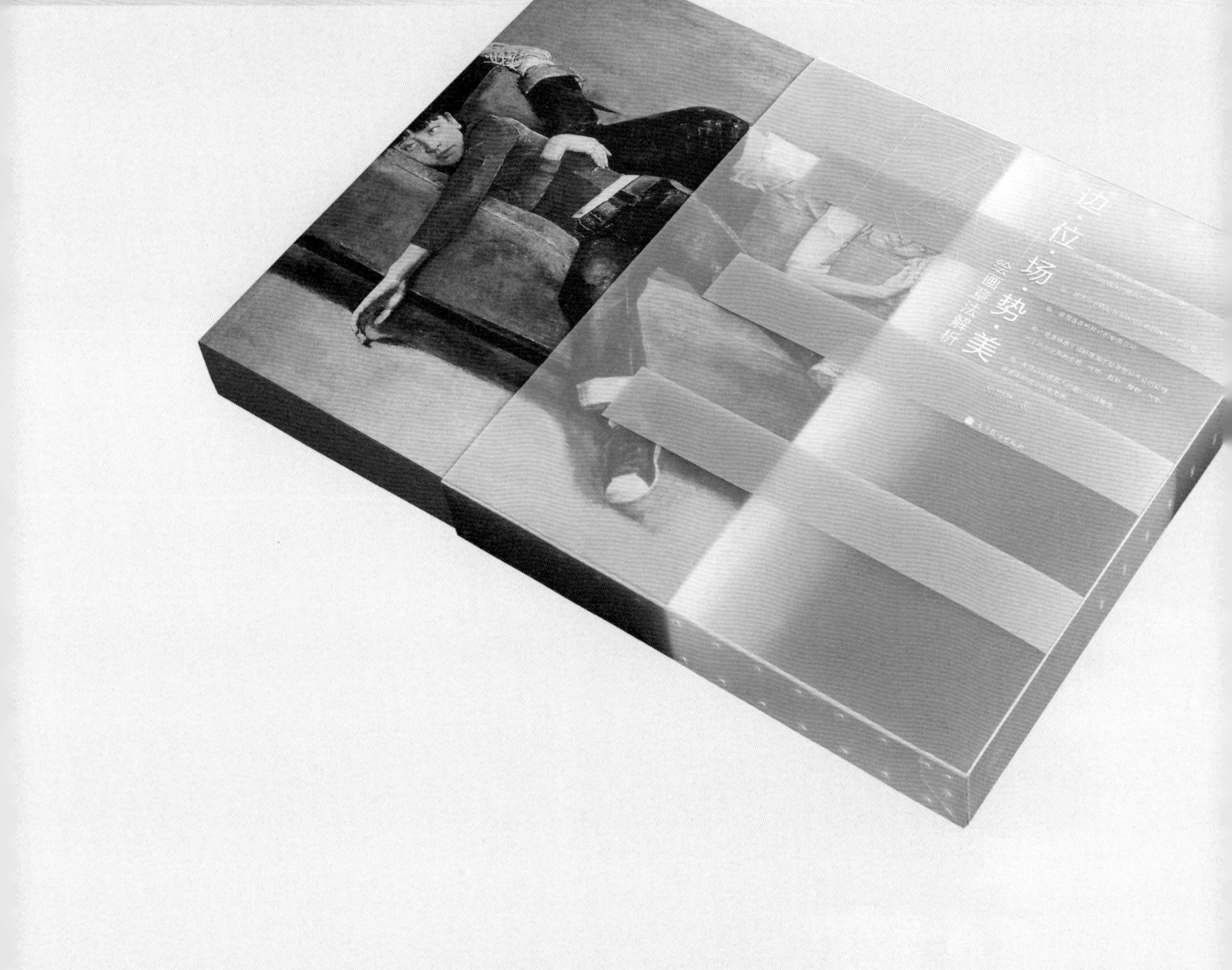
边·位·场·势·美
绘画写法解析

07

吕敬人

书籍设计师、插图画家
清华大学美术学院教授
国际平面设计师联盟（AGI）成员
敬人设计工作室艺术总监
编、著出版
1996 年 合著《书籍设计四人说》
1999 年 著《敬人书籍设计》
2002 年 著《敬人书籍设计 2 号》
2005 年 著《吕敬人书籍设计教程》
2006 年 著《书艺问道》
2007 年 编著《书戏——当代中国书籍设计
家 40 人》
2011 年 创办并主编《书籍设计》杂志
2012 年 著《书籍设计基础》
1995 年《中国民间美术全集》获
第四届全国书籍装帧艺术展金奖
2003—2011 年《中国书院》等 12 部作品
获第一、二、三、四、五、六、八、九届
"中国最美的书"奖
2009 年《中国记忆》
获德国莱比锡"世界最美的书"荣誉奖
2012 年《剪纸的故事》
获德国莱比锡"世界最美的书"银奖
2012 年代表作品被收录在《梅格斯平面
设 计 史 》（Meggs, History of Graphic
Design）中

艺术感觉是灵感萌发的温床，是创作活动重要的、必不可少的一步。设计则相对来说更侧重于理性（逻辑学、编辑学、心理学、文学……）过程中体现的有条理的秩序之美。这还不够，还要相应地运用人体工学（建筑学、结构学、材料学、印艺学……）概念去完善和补充，像一位建筑师那样去调动一切合理的数据与建造手段，为人创造舒适的居住空间。而书籍设计师则与建筑师一样，要为读者提供诗意阅读的信息传递空间。具有感染力的书籍形态一定涵盖视、触、听、嗅、味之五感的一切有效因素，从而提升原有文本信息的增值效应。艺术 × 工学＝设计² ——"新设计论"将成为当代书籍设计师应面对的前瞻性挑战，改变旧观念，以迎接数码时代，迎接与世界同步的中国书籍艺术振兴。

《中国记忆——五千年文明瑰宝》

以构筑浏览中国千年文化印象的博览画廊作为设计构想，将本书信息内涵元素由表及里穿于整体书籍设计之中。

外装函盒贴签（《中国记忆》普及本封面）选取中国传统绘画中的大地、江海、山峦等万物结合构成中国千年文化的生命之场。设计思路是将中国最典型的文化精神所代表的天、地、水、火、雷、山、风、泽进行视觉化图形构成融入全书的阅读气氛中，以体现东方的本真之美。衬托着雄浑、道劲、敦厚的《朱熹榜书千字文》中选择重构的书名字体《中国记忆》。

封面运用具有水墨意蕴的万里长城摄影作品为基调，蜿蜒雄阔的气势表现以自然万象之源为本体的表征和惊心动魄的美感，突出画册主题的中国艺术精神。

与其他书籍不同的对折式腰带以中国典型的文化遗产图像反印在薄薄的纸背上，若隐若现、亦真亦幻的视觉图形烘托出中华文化博大氛围，并环抱全书。腰带上方有意显露封面高度处的巍峨长城，并用红绳绣有象征吉祥的纹样与人文、地域、历史特征融为一体，封面强调稳重、含蓄、典雅，即中国书卷语言的独特展现。

内文设计以中国特有的传统书籍形态，即使用柔软的书画页纸和简子页包背装结构组成中国式阅读语境。每一部分的隔页应用 36 克字典纸反印与该年代相呼应的视觉图形，烘托该部分的历史年代。随着翻阅，图形与文字形成对照，若静若动，引发超越时空的阅读感受。薄纸隔页与正文内页的纸质形成对比，具有鲜明的触感，有机地将每一部分区分开来，增添了全书的层次节奏。内页纸张宽度长短结合的结构设计可让部分书页离开钉口，充分展开单双页，完整呈现物像画面全景，增加了信息表达的完整性和阅读的互动性。相对于跨页，单页形式的排列则强调文字与图像的主次关系和空白的节奏处理，为书籍陈述的层次感和有序性进行充分的编辑设计，由此形成全书整体设计理念的全方位导入，并强调图像精美准确的印刷还原完善并丰富了文本

的信息传达表现力和增添了阅读趣味。

本书区别于此类图书一贯的西式精装硬封形态面貌，而以亲切普通的简装本形式面对读者。全书设计力图既要做到气质大度、典雅端庄，又要形态新颖、出人意表；既体现中国传统文化特质，又具时代气息。通过书籍设计使内在丰厚的文化艺术精品得到充分展示，让读者通过阅读留住中国记忆，回味包罗万象的中华文化的深远意境，这正是本书设计的初衷。

特种装是本书的附加设计，属重要的馈赠礼品之用。函盒以传统的六墙函套装为基础，重新设计组合结构而成。以自然的两种色泽棉织物装裱成太极内涵盖和上下天地云纹外函盖，并由如意纹木质扣件相连，配置吉祥玉佩和万寿结组合件饰物体现中国文化特征。此函盒的构想体现传统文化与时代性相结合，并强调实用保护功能的设计理念。

08

朱赢椿

南京书衣坊工作室设计总监
南京师范大学出版社艺术总监
中国版协书籍装帧艺术委员会委员
江苏省版协书籍装帧艺术委员会主任
江苏省新闻出版行业领军人才
2010—2011年中国最美的书评委
多部作品入选国际书籍设计展览并获奖
有10多本图书被评为"中国最美的书"
《私想着》获中国出版政府奖书籍设计奖、
第十一届全国美术作品展览设计类提名奖
《不裁》于2007年在德国莱比锡被评为
"世界最美的书"
《蚁呓》于2008年在德国莱比锡被评为
"世界最美的书"特别奖并被输出版权
最新绘本《蜗牛慢吞吞》
和先锋实验文本《设计诗》也被输出版权

书籍设计的第一要义是阅读者的实际感受，需要结合工学方面的考量，在最基础的字号字体、行距间距、留白等之外，还应该考虑到纸张的视觉效果和质感、印刷墨色的选择，及方便翻阅的材质选择和装帧方式。

将工业标准化的数据判断与人性化使用和概念化的设计意象三者互相平衡，以书籍的阅读方式为先导考虑，最合适的设计未必最合适阅读，在设计的同时让工学意义的美感增进干涉，用感性的模糊模式为协调，最终达成"书籍"这一并非纯平面的设计实体。

《设计诗》

在设计的克制和约束管道中实现创意，廉价的纸、单纯的字，得以最大限度地展现生活中的会心一笑。书的内容是将诗歌用设计的手法制作展现，呈现出画面上的诗意感觉。封面的设计也采用了纯粹汉字的变化设计，以字代画，字即是画，充分表达了《设计诗》的主题。封底罗列了各国的定价，将数字和字母也当作了装饰，封面与封底前后呼应。
封面的材质是纸箱用的纸板，切割成适合把握的圆角，在厚度的把握上以足够坚固和不过于坚硬为标准，产生朴素的手感。锁线装则使得无论哪一页都可以平摊欣赏，这对《设计诗》这样以形象为主的内容非常重要。书脊采用布制、信息丝网印刷，仅正中一块，其余裸脊，无论是印刷还是定位都需要严格规制。

《元气糖》

封面元素极简无装饰，仅以白色小圆点组成"元气糖"三个字，封面、封底的四角都打成圆角。内页中间做了三个小色块，并不厚重，印刷的时候就是在书内页里作为编纹装饰。并非每一页都有，只在第二部分前面做一点装饰。每一篇文章的标题装饰有一些小气泡，作为阅读情绪的调动。全部的元素都采用圆形，再以橘色圆点糖做包装，活脱脱一枚现实版《元气糖》，呈现出一册美食散文特有的幸福感。
封面和封底采用了特殊的医用海绵，追求手感的同时保证了安全。封面信息采用丝网印刷，锁线装订保证阅读质量。书脊采用与封面同系列的布质，使设计呈现整体立体效果，两种特殊材质的固定装订比较费工。为取代塑封使用了橘色圆点装饰的糖纸风格自粘袋包装，提高了对书籍的保护性和再利用可能。

04　小蜜蜂
The Little Bee

门窗紧闭
从哪里进来的
小蜜蜂

一整个下午
都在撞击窗上的玻璃

碰碰
嗡嗡

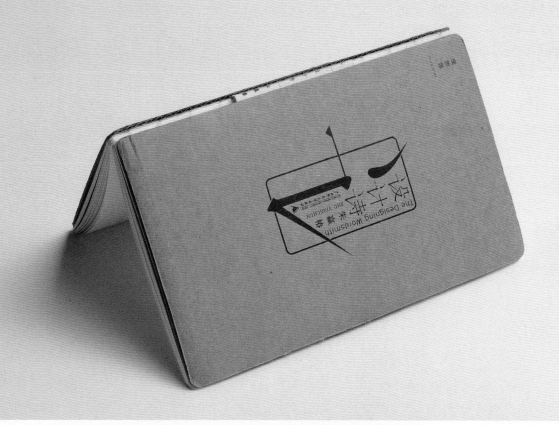

09

吴勇

1988 年毕业于中央工艺美术学院书籍艺术系，获学士学位

1998 年成立北京吴勇设计工作室

2008 年毕业于清华大学美术学院视觉传达艺术系，获艺术硕士学位

曾任中国青年出版社美编室副主任

联合国儿童基金会（中国地区）艺术顾问

中国高等教育学会设计教育专业委员会委员

教育部人文社科评审专家

汕头大学长江艺术与设计学院平面设计系主任、教授、硕士生导师，并担任中央美术学院、清华大学美术学院课程教师

北京服装学院装潢设计系、韩国 ACA 学院（Asia Creative Academy）客座教授

1998 年获第五届全国书籍装帧艺术展银奖

1998 年获装帧艺术委员会中央各部门委员书籍装帧艺术展金奖和香港设计师协会奖

2000 年获香港设计师协会双年展亚太区金奖

2001 年获"国家图书奖"

2001 年个人形象海报获首届香港国际海报三年展金奖

2004 年获第六届全国书籍装帧艺术展览金奖、银奖

2005 年获香港设计师协会铜奖

2006 年获首届"中国元素"银奖

2006 年获"中国最美的书"奖

2007 年获"平面设计在中国 07 展"海报类银奖

2009 年获"中国最美的书"奖，2010 年获"中国最美的书"奖，2010 年获"中国出版政府奖"，2011 年获"2011 上海设计展·设计师奖"，2011 年获 SGDC 年度贡献奖

艺术是感性与想象力的生命体，工学是智慧与科学的构造体。设计在功能与艺术间游走，思想在理性与感性间迸发。我们常常在思考设计到底在做什么，能做什么。社会的进步与发展让我们已无忧于生产与生活的完成方式和完成形态，所有的功能已可满足人类基本的生存要求，甚至超出了许多。我们还需要什么？无疑设计在帮我们寻找答案、解决问题。

艺术 × 工学＝设计² 的理念似乎可以厘清设计在今天的价值所在，以及未来无限发展的方向。情感设计、艺术观念、工艺设计、功能增效、材料设计等让我们不断以综合、多向的设计态度完成着不是传统单一形式的平面或空间以及媒介形态的设计，跨界是今天设计品以及设计生活可以依存的关系。也许工科的航空技术、多媒体的应用技术、当代艺术倾向的思考以及设计需要的想象力可以在一起产生积数效应。事实上 iPhone 用材料设计、界面设计、版面设计完成了对消费者"苹果控"的设计，创造了全新的市场艺术，推行的就是艺术 × 工学＝设计² 的苹果产品理念。

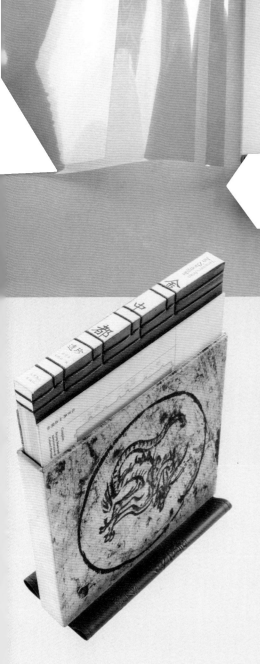

《无尽的航程》

这本画册，主要工艺为"爬坡"，工艺完成极其艰难，准确到位的18个折页模板保障了书能完全闭合挺括，其目的是呈现本书的平装书形态和柔软的手感。因为此书作者是一位画家，个人气质淳朴，而作品则非常关注细腻情感，他出生在一个渔民家庭，是大海的儿子。作品关注梦境里人们柔弱美好的思想伊甸园，所以《无尽的航程》试图努力以材料以及装订工艺方面塑造体现这些属性。比如，封面将UV材料用刮刀的方式再现他的绘画技巧，却摒弃色彩，以纯粹肌理表现他的绘画特性与激情。而切口又用由白至蓝渐变的方式，包围着中间木色的精装画册，象征一叶小舟激荡在碧海雪涛中，透射了画家的艺术本源。经过严密计算，外层画册采取照片用厚纸、文字及草图用薄纸的设计方案，体现了深厚家庭背景的影响力和力透千层的艺术思想穿透力。而用击凸工艺表现的5页盲文，和以薄纸覆盖其上

的工艺效果，更是揭示了本次画家那件主要作品关于盲童童话的美好意境。

《金中都遗珍》

《金中都遗珍》是一本关于北京建都850年及相关出土文物的画册，该书设计的特色之一是函套脊部分是软胶皮的，通过插装进去的书籍将函套的软胶皮部分撑直并呈现方正平整的形态。如需将书取出，只需将函套脊往水平面方向下压顶出书籍即可，此函套设计避免了一般情况下精装书籍在函套中被夹塞的现象。同时，书被缓缓从函套顶出来的形式，有一种文物出土的意象，是形式源于功能的一种设计方式。

10

杨林青

1995—1999 年，毕业于清华大学美术学院
视觉传达设计系

2005—2006 年，毕业于法国国家高等装
饰艺术学院（ENSAD）编辑出版设计专业
（Edition presse）

2007 年在北京创建杨林青工作室

从事为商业与文化机构、出版物、杂志的视
觉规划与设计工作，致力于中英文字体的媒
介应用和图形信息交流的研究

现任 NON-DESIGN 设计总监、北京东方
集雅图书有限公司设计总监、清华大学美术
学院视觉传达设计系外聘教师

2009 年获第七届全国书籍设计艺术展最佳
书籍设计奖

2012 年获第六届方正中文字体设计大赛评
委奖

2009 年获"中国最美的书"奖

2010 年获"中国最美的书"奖

参加 2010 年第六届东亚书籍交流研讨会
（韩国坡州）

2011 年参加"美哉书籍"设计邀请展
（深圳）

2012 年参加"纸张想象之路"韩、中、日
三国平面设计师邀请展（韩国首尔）

精湛的工艺肯定不是为了给"书籍设计"树碑立传，而是为一本好书构筑它所独有的阅读方式，并通过这种方式鼓励读者加以珍惜和流传。所以巧妙的工艺是在为读者和内容之间的交流加分，而不仅仅是在为内容穿件外衣。

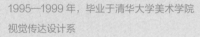

《这个世界会好吗？》

书籍设计从编辑开始就没有主观地强调——这只是艺术家向京的一场作品展示，而是把她作为问题的发起者，其他所有关注这一话题的人（包括艺术评论家、哲学家、作家、艺术家、书籍设计师、记者、编辑、自由职业者、基督徒，甚至素不相识的家政工）统统成了对话者。其实这个问题本来就没有一个肯定的答案，艺术家所创作的这 14 件雕塑作品成了问题与答案之间的媒介，那画册本身也不会是一个艺术的成果，而是对发生的这一事件进行了多维的视觉记载。

绿色的彩胶纸承载着大量需要阅读的文字，并以三种不同的开本大小按折手嵌入印有艺术作品的页面中，同时再加入第四种不同开本的照片册。不同纸张的配页全由手工完成，并保证不同开本的位置不能偏离。

《对焦》

书中不但集合了 16 位当代年轻写实画家的作品，还收录了 6 位艺术评论人的文章。每一篇文章都不是针对其中一位或几位艺术家，而是把他们所坚持的"写实绘画"看作一种新的探索语言。书籍由三部分组成，6 篇文章被置于第一部分，绘画作品处于第二部分，艺术家简历和其他信息在第三部分。三部分的开本高低错落，这样的形态不仅能为读者提供多种翻阅的可能，同时还能削弱大量学术性文章带来的主观性。

3 本同宽不同高的开本如何被自然地锁在一起，而不是被粘在一起？在工艺流程上不接受先模切后装订，所以只有在装订好之后，让两本间的最后一页和第一页处于水平状，然后再用定制好的模切刀小心翼翼地切掉另外一部分。

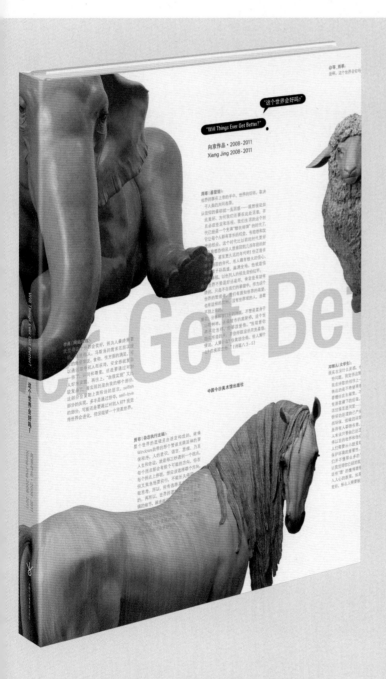

11

张达利

1960年生于西安，在兰州成长
1987年毕业于西安美术学院工艺系后
去深圳发展
1995年成立深圳张达利设计有限公司
曾先后出任第二届华人平面设计大赛评委、
平面设计在中国05展执行委员会副主席、
深圳平面设计师协会副主席、西安美术学院
设计系客座教授、广西艺术学院客座教授等
多次组织策划极具专业影响的艺术展及艺术
赛事，如深圳设计六人展、
平面设计在中国（In China）展、
五叶神反烟害海报设计大赛等
在国际国内获各类奖项100多项

工学是设计的基础，也是设计不同于艺术的关键。
艺术之美因工学而成为设计之美。

《从深圳出发   《1995—2005 SGDA 会员作品集》

——2012 设计之都设计展》

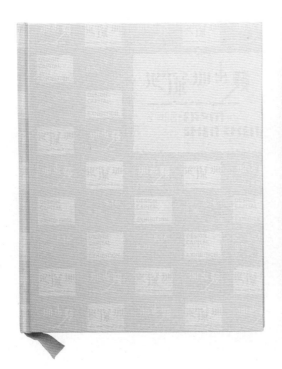

12

张志伟

中央民族大学美术学院教授、
装潢设计系副主任、研究生导师
1987年中央工艺美术学院（现清华大学美
术学院）毕业
曾任河北教育出版社美编室主任
获：第四届全国书籍装帧艺术展二等奖
第五届全国书籍装帧艺术展多个铜奖
首届中国平面设计大展一等奖
2004年"世界最美的书"金奖
第二届中国出版政府奖
第十八届香港印制大奖全场金奖
第十八届香港印制大奖包装设计冠军
第七届全国书籍设计展最佳设计
第十一届全国美展优秀奖
首届全国南北装帧论坛评奖一等奖
多次获"中国最美的书"奖

传统纸质书籍作为信息的载体，物态呈现是设计师灵感创意的最终结果。书籍的内容及内涵通过设计师的形象升华，材料、印制和工艺的多个环节，出现在读者手中是真实的带有油墨芳香的精神食粮，可阅读、可触摸、可欣赏、可互动、可品味，纸质书籍的魅力就在于此。

科技的进步和信息交流的便捷，使印制材料及工艺逐渐丰富，文化的碰撞和读者审美的需求，使书籍设计风格缤纷呈现。工学的提升和推动作用功不可没，各种材料和工艺的巧妙结合，极大地拓展了设计师的创意空间，材料质感的衬托、精致的工艺，有时会出现令人惊奇的亮点。

在物态呈现的过程中，掌握好创意、工学和市场之间的关系，是设计师重点探究的课题。根据不同的选题内容，合理运用材料工艺，精炼艺术手段，对降低图书的成本从而拓宽其传播途径，有相当重要的意义，也是环保的体现。古希腊人说："艺术家不能做得美丽，因此只好做得豪华。"造成有些图书只求豪华，不尚淳朴的原因，乃是设计者不重创意，只乞灵于贵重的材料和烦琐的工艺装饰，但艺术效果往往不是和工艺复杂程度成正比的。

《7＋2登山日记》

平装的裸脊粘贴粗布，和精装的书脊布面，整体装订有一定难度。

《汉藏交融 —— 金铜佛像集萃》

封面所用装帧布肌理感较强，结合设计需要的烫黑、烫金、加色过油等工艺时，要求落位准确，清晰精致。图书体量较大，函套镶嵌雕刻书名和传统纹样的楠木条，要求函套与书的结合紧密适度，裱糊工艺要牢固耐用；图像过油、烫金和压凹工艺要精致；内层荷兰板埋磁铁，以增加内外的结合。内文四色加过亮油，加强图像的层次感和色彩还原，书眉及章节页用云纹过油，但不增加成本。

13
速泰熙

原任江苏文艺出版社美编室主任

现为南京艺术学院硕士生导师、中国美术家学会会员、中国书籍装帧艺术研究会会员

1986年起专业从事书籍设计，作品多次获全国书籍装帧艺术展金奖、银奖、最佳设计奖、政府出版奖提名奖、全国美展铜奖等奖项

论文曾获全国金奖、银奖、最佳论文奖等奖项

八件书籍设计作品荣获"中国最美的书"奖

1999年被评为"新中国成立50年来产生影响的十位装帧家"

2010年被评为第二届"南京文化名人"

2011年担任"金蝶奖——台湾书籍设计大赛"决评审，并做演讲

在儿童读物创作和动画片造型、地铁壁画、家具设计等领域也有诸多创作成果

一个有追求的书籍设计师，一定会把设计视为一种美的创造——创造一种前所未有的、富有新意的"有意味的形式"。他们用这种新颖的"有意味的形式"更好地传达文本的内涵精神，为读者奉献他们从未见过的美丽，从而也展现了设计师自己的创造力。新工艺、新材料的运用，为设计师创造新美提供了多种极好的选择，为现代设计开拓了一方新天地。他们借助新材料、新工艺，创造出许多不可思议、令人瞠目的新颖之美——一种现代设计美。

《靖江印象》

本书最不同寻常之处是在书上打"四眼井"的尝试，除封底，在全书每页都打四个眼。它难在四个眼必须对准书眉图案中四个"井栏"的中心，而且每张纸都如此。因为装订过程中"折手"造成的位置误差，使原本印得标准的"井栏"中心变得不准，使打孔无法对准每页"井栏"的中心，造成几乎每页"井栏"的中心与所打的眼都有偏差。工大印务的领导和师傅做了多次尝试，终于解决了这个问题，在每页纸上都把四个洞准确地打在印好的"井栏"的中心，最后完美地呈现书上的"四眼井"。

《重读南京》

本书封面城墙是浮雕式的：砖缝和城砖上的残破处下凹，砖上的文字则上凸。这对击凸技术有较高的要求。

书芯的书脊的"裸脊"不是简单的"裸脊"，而是做了一个"利用锁线和每帖的帖脊色条共同组成文字"的尝试。利用红色的锁线形成字的横画，又设计了每帖帖脊的红色色条，构成字的竖画，横竖红线共同构成书名"重读南京"的关键字——"重"。

《新闻纷争处置方略》

利用"移印"技术在书顶、书根印图案，并在书口印红色色块。该色块上沿必须与封面右下角和封底

左下角红色楔形色块上沿一致，封面右下角红色楔
形的角尖必须控制在封面的右下角的角尖上，这有
相当的难度。

《靖江方言词典》

这是用"移印"技术在三面书口印纹样的尝试，灵
感来自中国古典书记印制的"敲书根字"。以前书口
纹样的呈现来自全书正文页面边缘的图案设计，每
页都不一样。用"移印"技术则可让工作量大减，
不必每页书口的边缘都设计，正文每页页面保持清
爽，而且三面书口的图案的墨色更为饱满厚实。

14

赵健

博士、教授，清华大学美术学院视觉传达设计系主任、硕士研究生导师

国际平面设计师联盟（AGI）成员、中国出版工作者协会装帧艺术委员会副秘书长、中国艺术研究院研究生院硕士研究生导师

主要业绩：1997年德国汉诺威2000年世界博览会形象海报设计工作室亚洲代表

1999年获第五届全国书籍装帧设计展金奖

1999年设计作品入选第九届全国美术作品展

2000年设计作品获第十二届中国图书奖

2002年国际平面设计师社团协会ICOGRADA亚洲大会国际训练营教授团成员

2004年获第六届全国书籍装帧设计展金奖

2004年入选国际平面设计师联盟（AGI）成员

2005年获"中国最美的书"奖

2006年获"世界最美的书"奖

2006年入选"中国美术馆国际设计邀请展"，设计作品五件被中国美术馆收藏

2006年 获"中国最美的书"奖

2009年设计作品入选第十一届全国美术作品展，2009年设计作品获第七届全国书籍设计展优秀奖

2011年个人设计艺术成就被编入国际权威设计史书——*Meggs' History of Graphic Design*（《梅格斯平面设计史》第五版）

2011年出版个人专著《范式革命——中国现代书籍设计的发端（1862—1937）》（人民美术出版社）

艺术　技术　设计

我们所谓的"设计"就是人的造物活动中的一段过程，在不同的社会发展阶段,其中的内涵和语境会有所不同，因而它的实际状态与表征也当各有差异。然而，从根本上讲它们都是人类对于自我存在和生存状态的认识或想象的表达，通过"设计"，我们不断在生活中兑现着由愿望与问题所促成的答案或解决方案，这个过程也常常是循环往复的。

艺术的目的更趋向于人类本我的精神彼岸。相比之下，艺术的追求倾向于人的精神价值，而设计的成果更多地在于它的社会价值。艺术的精神价值是相对恒定不变的，而设计的社会价值则是相对变化的。

同时，艺术和设计都需要与一定的技术和物质形式结合来表达自己。艺术、设计以及技术与物质形式之间的生命对话、融合的过程本质上都是不同价值的判断及其体系形成的过程。

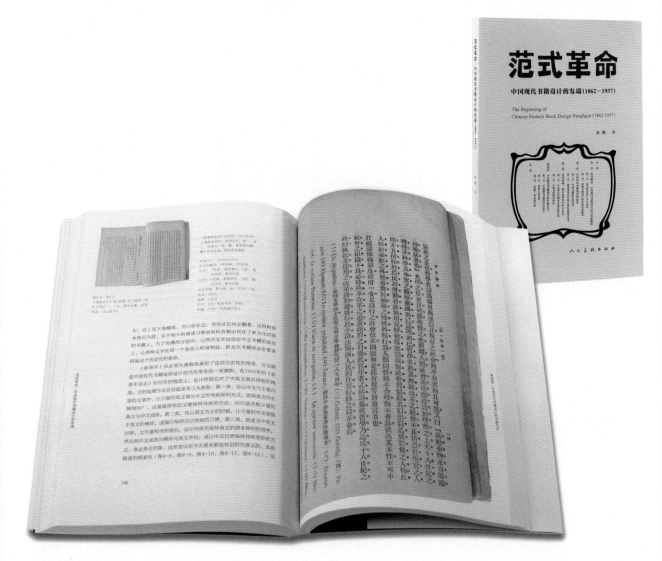

《范式革命

——中国现代书籍设计的发端

〈1862—1937〉》

支撑书籍存在的是知识和人们对知识的渴望，书籍
是知识传播的一种方式，知识的存在价值是不变的，
而传播知识的方式则可能不断变化。21世纪人类社
会究竟会发生怎样的范式转移是存在不确定性的，
但是不管人类社会发生怎样的范式转移，有一点是
不会逆转的，那就是大众作为历史存在的主体这一
趋势不会改变，只要这一趋势不会改变，每个人都
享有占有知识的权利也不会改变，这一点将决定包
括书籍在内的知识传播方式的命运。《范式革命》论
述了晚清至民国初期现代书籍装帧形式的发端，也
是关于知识与知识传播方式的持续思考。

〔摘自杜大恺先生为本书所作序一〕

15

赵清

国际平面设计师协会（AGI）会员、中国出版工作者协会书籍艺术研究会会员、深圳平面设计师协会（GDC）会员

江苏平面设计师协会理事会员、南京文化创意产业协会理事会员

1988年毕业于南京艺术学院设计系，任职凤凰科技出版社有限公司美术编辑

1996年创办"梵"设计工作室，2000年创办"瀚清堂设计有限公司"并任设计总监

2007年受邀举办壁上观"07/70"个人海报展，2010年组织ADC对话南京设计展

担任南京艺术学院设计学院硕士生导师并在各地进行设计教育推广，并担任白金创意大赛、靳埭强设计奖评委

个人设计作品入选了世界范围内几乎所有重要的平面设计竞赛和展览，并获得了德国Red dot、美国One Show Design、英国D&AD、俄罗斯Golden Bee、日本TDC、中国GDC等众多国际设计奖项

2007—2010"中国最美的书"奖，第五届和第六届全国书籍设计铜奖，第七届全国书籍设计最佳奖三项、优秀奖十项

2000、2002、2004、2006、2008、2010书籍设计双年展一等奖

第十一届全国美展优异奖

纸的场

书的设计，是技术与艺术的结合。一本书籍的成型过程，在我看来，取决于对文本内容的构造规划。从搭建架构到基本版面，从板块设定到细节处理，从节奏起伏到材料选择，这完全类同于建筑的成型过程。当然，建筑是大的空间体块，而书籍则是相对较小的空间体块，不过，通过精心的构造，完全能够以小见大，而绝非管中窥豹。西方哲人说，建筑是凝固的音乐，我认为，书籍是流动的建筑。

构造建筑时，划分与组合空间以及建筑外观，需要合理的方案，并且具备足够的可行性，技术与艺术并用，才能构造出好的空间，可以说没有好的构造，就没有好的建筑。构造关联到最终的建筑呈现，而又与材料的选用密切相关。当然，对于书籍设计来说，它要比建筑设计来得省事，它更是一种纯粹的空间构建，因为它无须考虑承重，更无须风洞、撞击以及振动相关的极为科学化的测试。

书籍设计角度的构造，更类似于图纸上的规划，它可以通过我们的预设去理性地罗列，并在脑海中形成它最终可以呈现的空间效果与视觉特征。有了合理又夸张、理性又感性、技术又艺术的构造，我们就有了"施工图纸"，从而建构出自己想要的、呈现给他人的全新空间。

书籍空间的形态与色彩，贯穿于构造活动，建筑领域的"形态学"，属于基础的设计。而对于书籍设计师来说，要实现完全意义上的书籍设计高度，必须要掌控书籍最终的空间形态与色彩，这常常来自于较多的实践活动的归纳与总结，你不仅需要理性的思考，更需要感性的心灵，尤其是在

对纸张——书籍的主体"建材"的
认知与选择上。

纸空间，也就是"书的场"，这是
实现"纸的场"从量变到质变的嬗
变过程。一则我们以全细节、全属
性、全信息（图、文字、感受力）
去完成单页内容"纸的场"的完整
呈现，二则我们建立"纸的场与
场"之间关联性的叠加、串联。这
就是工艺、页码、文字连续性、字
体、版式等多种技术与艺术的结
合，两者一起实现了稳中求变，将
场的固有性以"指数级"的信息量
加以呈现。书是"纸的场"的"指
数级叠合"。

黑与白 极与简

《菲尼克斯国际》

这是一套高端楼盘的楼书，通过纯粹、理性的视觉
语言表达了至极至简的概念。这可以算是理性建构
"纸空间"的典型作品。
作为一本楼书，其特点是在整本书的视觉空间体系
之上再构建本书的文本体系。通过延续建筑、室内
设计师的空间概念，抽离出了"极与简"、"黑与白"
这两个视觉体系与文字体系，因而分为黑本与白本，
而黑与白所形成的灰色系空间，成为黑本与白本的
集合封套。
墨分五色，UV、烫、有光、亚光等工艺形成了各种各
样的黑色、白色视觉效果。此间的文字、图片排版，
严格按照建筑空间的网格结构而形成。譬如《至》
本中的"至极"、"至简"上下篇章，都分为六章，
每章四篇，形成了严密的文字架构体系，并因此运
用于设计之中。

红色解构

《混设计》

这是形象设计师洪卫的名为"混设计"的作品集。
设计这书的难点在于怎样用一种新的书籍形态和表
达方式来表现洪卫"混"的概念和标志作品。经多
次尝试，最终决定将标志作品重新解构，用红、黑
两色来概述。运用了传统的折页方式，将解构的标
志里外套印，共同诠释出一个作品；儿童涂鸦式的
标题文字更给本书增添了阅读的跳跃节奏感。

16

符晓笛

中国出版工作者协会装帧艺术工作委员会副
主任兼秘书长、中国美术家协会会员
1979年考入解放军艺术学院美术系
1983年毕业留校
1986年任解放军出版社美术编辑
2001年任晓笛设计工作室艺术总监
获：第四届书籍装帧艺术展览二等奖、第四
届书籍装帧艺术展览（中央展区）一等奖、
第五届全国书籍装帧艺术展览整体设计金奖
2007年获"中国最美的书"奖
2009年获第七届全国书籍设计艺术展览最
佳设计奖
第十一届全国美术作品展平面艺术设计类优
秀奖
2010年获"中国最美的书"奖
第一届、第二届中国出版政府奖（装帧设计
奖）评委，第六届、第七届全国书籍设计艺
术展览评委

设计是创造艺术的行为，艺术要通过工学来体现。只有将艺术与工学交融
结合，使其具有艺术工学化、工学艺术化，才能实现设计创造艺术的更高
境界。

《去过生活》

《去过生活》是一本散文集。我们的生活本身就是由
许多琐碎小事所组成，所以在设计上采用了大小不
同无规则的碎片作为元素贯穿全书，书名"生活"、
"life"使用了特技的制作手法，使整体的设计感觉
更加贴近主题。本书裸脊的装订形式及书函的设计，
只是将书中原有的元素和信息有节奏地排列在一起，
而产生一种个性化的艺术效果。

《刘洪彪文墨》

《刘洪彪文墨》一套五册，采用软装加腰封，颜色各
不相同，既容易识别，又浑然天成。书名分解到五
本书封面的腰封上，统一而富有变化。手稿版式采

用中式的竖排形式，文稿与释文的排列合理、颜色
处理单纯，富有中国文化韵味。将中国书法特有的
笔墨与宣纸的渗洇效果作为设计元素，是强调民族
文化的现代表现。封面的烫印，既雅致又极富书卷
气和现代感。

《知白守黑：张良勋 张学群

书法作品集》

书法伴随黑白而生，这正是不同于其他艺术的一大
特点。本书围绕"知白守黑"这一主题，设计上着
力在黑与白上做文章，两本书一白一黑，其中一本
切口、上天、下地三边均为黑色，让人感受到强烈
的黑白对比。
函套以红色为主色调，与"知白守黑"四个字有机
组合，产生出一种独特的艺术效果。

17

韩济平

北京人，1954年生

1979—1983年于中央工艺美术学院装潢系
攻读书籍美术专业

1983—2003年在山东文艺出版社从事美术
编辑、编审工作

2003年至今在北京印刷学院从事设计艺术
专业教学工作

现为北京印刷学院设计艺术学院教授、硕士
生导师

中国出版协会装帧艺术工作委员会常委

获：联合国教科文组织颁发的图书特奖

全国首届平面设计大赛一等奖

第五届全国书籍装帧艺术展金奖、银奖

国家"五个一工程"奖

中国创新设计红星奖

中国创新设计红星奖最具创意奖

第十一届全国美术作品展览提名奖

工学创造

工学同于天学。

天天相同的日子，天天不同，日日有别。犹如：字字相同的文字，格格不
一，式式有别，文文总有不同，字字总是千变万化。

"同"具妙趣，其妙在"变"——"变化为同"的另一代词，是重复。

重复的同，是淡淡的变。

同时同在，相在相变。重复无处不在，淡淡无所不能。

"同"是天然之学的妙趣，"重复"是人工之学的妙理。

天道的印刷术语里有"秃头、大褂"之说。何为"秃头"？"大褂"是何？
事实面前，书籍印制完成到最后一道工序，也即成品光边裁切之前——书
芯短于书皮的现象，就叫"大褂"；书芯长于书皮的事实，就叫"秃头"
（见图1~2）。有意思的是，这并不仅限于印刷界。精装本的书籍，书皮大
于书芯，"飘口"可以做证，这是"大褂"之工。大批量生产的时尚杂志，
四色八色一次性流水作业印刷成型的书刊，若有勒口，勒口（在这种情
况下）须短于内页，短于内页的这个"自然"形成的"勒口"，亦能证明
"秃头"之工。

"秃子跟着月亮走"——沾光不浅。

我用"秃头"之工为杜大恺先生设计过一套画册，全书四本（浙江美术出
版社，见图3~6）。书口的设计眼位，明显可见其效。

我用"大褂"之工曾设计过一本无标点或说标点另注的《逍遥游》（北京
蓄银格文化艺术有限公司，见图7~10）。书页一页长于一页而又短于书皮
的设计，其理也源于此。

纸态，分明是人工之"式能"①。
其式可叠，其能可卷（其实它也是
自然之态）。我用"叠卷"之式能
设计过《施本铭·众生相》（朝华
出版社，见图11~14）和《中国
京剧大典》（中国艺术研究院与山
东文艺出版社，正在印制）。这都
是模拟天学——自然之工吧。

向自然学习，自然而然的天学妙趣
会滋养自觉而觉的工学创造。

_____

① 金岳霖（《论道》第一章　一·一　道是式——能；
一·二　道有"有"，曰式曰能。）

《2006—2007 杜大恺砚边絮语》

《2006—2007 杜大恺人体速写》

《2006—2007 杜大恺水墨人体》

《2006—2007 杜大恺水墨作品》

无外乎书皮短于书瓤的这一分勒口上。
是模仿自然之式能，是自觉"瓢"——终归不同于
"葫芦"吧？

杜大恺先生吩嘱我设计《2006—2007 杜大恺砚边絮
语》《2006—2007 杜大恺人体速写》《2006—2007 杜
大恺水墨人体》《2006—2007 杜大恺水墨作品》这4
本书。根据这个事实，我最初的感受是想掩饰年号
而直接表现书题，可是书题的完整性里就包括年号
的存在。是存在就会有变化，由此我想起了一部完
整的书稿到了印刷这里都会分解处理的操作工艺。
因而我将想掩饰年号（2006—2007）的表现分别置于
非封面的实属却又虚在的环衬页上。"实属"已无，
而"虚在"已有，"已有"可见的"秃头"之相——

18

韩家英

1961年出生于天津，韩家英设计公司创办人、中央美术学院城市设计学院客座教授
深圳第26届世界大学生夏季运动会专家顾问、纽约艺术指导俱乐部ADC会员
英国设计与艺术协会D&AD会员、国际平面设计师联盟AGI会员，曾多次获得平面设计在中国展金奖、香港双年展金奖，波兰国际计算机艺术双年展一等奖，莫斯科国际平面设计双年展金蜂大奖等国际奖项
其作品入选法国肖蒙海报艺术节、日本富山国际海报三年展、赫尔辛基海报双年展、华沙国际海报双年展、捷克布尔诺国际平面设计双年展、东京字体指导俱乐部双年展、芬兰国际海报双年展、英国D&AD年鉴、纽约ADC年鉴、东京TDC年鉴等
从1997年开始，10余年间为大型文学杂志《天涯》所设计的封面和海报在国际上获得了无数荣誉，并于2003年在法国举办《天涯》专题设计个人展
先后多次任平面设计国际大赛终评评委、深圳2003设计展策展人之一，2005平面设计在中国、2006出位——非商业艺术展总策展人之一
2005—2007年担任深圳市平面设计协会主席，2007首届中国杯帆船赛——F！F！艺术空间展独立策展人
2009作品荣获2009年亚洲最具影响力设计大奖金奖
应邀参加2009年国际平面设计联盟（AGI）年会，并担任平面设计在中国GDC09国际评审

工艺是为了满足设计的需要而存在的，它不是独立于设计之上的。同时，设计不是工艺的俘虏，因为工艺本身不能表达设计内心所要表达的东西。在设计领域，设计师对工艺的掌握并不是很娴熟。但设计也不能过于依赖工艺，如果过度使用工艺，用工艺的美感来吸引读者，这与设计的初衷是背道而驰的。现今，过度渲染材料、追求工艺的复杂和奢华，过度浮夸和表面化，都是不好的方向。

未来设计的方向一定是朴素的、真的表现。

公司画册设计创意概要

《五帝》有载："天有五行，水火金木土，分时化育，以成万物。"在中国传统文化和哲学中，金、木、水、火、土是构成宇宙万物的五种最基本物质；五种物质的有序运行变化，形成了和谐统一的整体世界；或可说，"五行"意味着物质运动，意味着万物之宗。
正是基于上述意义，画册设计以金、木、水、火、土作为引线和统领，串联起"关于"、"品牌"、"空间"、"文化"、"地产"五大部分。"关于"是公司文化和理念的集中表达，而"品牌"、"空间"、"文化"、"地产"则是公司四大核心业务。五大部分之于公司的战略要义，正如五行元素之于宇宙。只有五部分的良性运作和相互支撑，才能成就稳健蓬勃的公司生命力。综合来看，当传统文化精华与现代设计相遇，文化的香气便更加浓郁迷人。
此外，在具体的装帧设计上，五大部分分别以黄色、褐色、蓝色、红色和黑色为主色调，独立成册，形成各自的风格和意趣；同时，各部分的装帧和编排风格又是一致的，从而构成统一的整体形象，使得画册成为公司的成果结集和对外传播的重要载体。

字象乾坤
——以设计的艺术向汉字致敬

汉字是人类文明中最古老的文字之一，从仓颉造字的古老传说，到甲骨文、金文、篆书、隶书、楷书，汉字以其古老而神秘的力量，传承中国千年文化，传播东方文明，历经沧桑而亘古弥新。
正如符号论美学家卡西尔所认为的"艺术可以被定义为一种符号语言"，汉字作为记录语言、承载文化的符号，本身就是一种极致的艺术。这种艺术超越了视觉的形式美，沉淀了思想的智慧，成为一门哲学般玄奥的美学。我们尝试着用设计的基本元素

"点、线、面",结合中国的《道德经》《易经》《菩提偈》三大古老哲学中的精粹典著,探索汉字字体设计的可能性,释放汉字的美学魅力,以平面设计的艺术向汉字以及中国哲学致敬。

《非常道》篇以设计基本元素——"点"来传达字体的哲学美。

老子是中国乃至世界最早具有朴素辩证法思想的伟大哲学家,以对天地万物自然变化规律的究探而著《道德经》。"道生一,一生二,二生三,三生万物。"道是老子对宇宙真理溯源的洞见。

以道的智慧衍化到设计的元素中,点亦是道。点是宇宙的起源,点可成线,可成面,可成万物。把点作为设计的最小元素,融入字体中,开始了它的无穷变幻。于大观处,有字不见点;于细微处,无字只见点。见与不见,只是视觉上的点,字的有无感知产生变幻节律的美感,是为"有无相生",呈现一种辩证的字体美学。这种辩证关系在黑与白之间演绎,在有色与无色之间演绎,在溯古视觉与现代视觉之间游刃有余,在外在形式美与内在思维域中穿梭自如,变中有韵律,简中有蕴意,为字体设计的表达创造了无尽的视觉语言。

"天下皆知美之为美",以哲学的眼,洞察汉字符号形态内在美的精髓,让这种美与哲学一起升华为一种善世的价值。

《元亨利贞》篇以设计基本元素——"线"来传达字体的哲学美。

被誉为"群经之首,大道之源"的《易经》是我国一部最为深邃的古老智慧之书。从中华先王伏羲到周文王,从八卦演绎到六十四卦,《易经》形成其完整而玄奥的"易"哲学体系。

《易经》本质上是源于"卜筮",以线形"——"、"一"的阴阳"爻"作为象征意义的符号。线为运动的轨迹,最能生动地传达"易"之"变易"、"简易"和"不易"的哲学内涵——宇宙万事万物都在运动变化,但其最简单运动规律是不变的。因此,我们以"线"作为设计的基本单元,线与线之间以"爻"的形式交叉而生,成为一种字体,一种新的艺术表达。线运动而成面,线在明与暗、深与浅、长与短、纵与横之间的组合和变化,构成一种动态抽象符号的文字形态,仿如甲骨上的卜筮的象形文字,古雅、简易、生动,仿佛能看到人在行走,鸟在飞翔,鱼在潜游,熙熙攘攘,芸芸众生,大千世界,万象生机,令人不由得感叹:"大哉乾元!"

秉持"天行健,君子以自强不息"的设计势能,在溯源汉字原始符号的同时,以哲意的设计元素,释放汉字内在的视觉生命力。

《菩提》篇以设计基本元素——"面"来传达字体的哲学美。

禅宗作为汉传佛教的主流宗派,其以"直指人心,见性成佛"的禅学宗旨,去洞彻开悟真理的境界。

禅宗从唐开始,融入中国千年文化,成为东方文明的一部分,辐射海外。从菩提达摩至中国至六世祖惠能,"明心见性"顿悟境界不断得以升华。

《菩提偈》正是禅宗智慧的结晶,亦是主观唯心与客观唯心对立面的哲学参悟。神秀言:"身是菩提树,心为明镜台。时时勤拂拭,莫使惹尘埃。"是为客观的一面。六世祖惠能则更顿悟了禅宗奥义的另外一面:"菩提本无树,明镜亦非台。本来无一物,何处惹尘埃。"达到以心参佛的大乘境界。

把《菩提偈》中对"空"参悟哲学带到设计的手法中,创造字体在设计艺术中的更多可能性。一根封闭的线造成了面,古朴而明晰的线条围合成立面体的文字,给人视觉的联想感知。文字的本身就是一幅生动的画面,形若明镜、状似参禅的僧,空心而实意,意蕴深刻。

字体形如铭刻于台的梵文,饱藏古老的哲学智慧,用最直观的视觉设计来传递《菩提偈》所阐释的心灵的空明和通透,让汉字成为能最生动地表达哲学内涵的艺术存在而感动人心。

19

韩湛宁

深圳亚洲铜设计顾问有限公司创意总监
中国出版协会书籍装帧艺术委员会常务委员
曾任汕头大学长江艺术与设计学院教授、硕
士生导师，深圳市平面设计协会秘书长，
"平面设计在中国展"执委会秘书长等职
其作品近年获得"red dot：best of the
best 2012"大奖等国内以及海外设计奖项
逾90项
入选众多国际设计顶尖展览
另外他还作为中国平面设计师代表之一受邀
参加了英国V&A设计博物馆创意中国展、
德国汉堡工艺美术博物馆今日中国当代海报
展、第22届布尔诺国际双年展之中国当代设
计展
GDC05展（IN CHINA）中国平面设计20人
邀请展，广东美术馆深圳平面六人展等重要
展览
并受到《IDEA》与《GRAPHIS POSTER
ANNUAL》等多家国际顶尖设计刊物与年鉴
刊载
其作品被英国、德国、美国、荷兰、日本、
中国的香港及内地多家美术馆收藏

设计必然是艺术与工学结合的产物，艺术是其原动力和创造力，而工学
就是使这些艺术和人的生活、使用功能结合，这两者对于设计来说缺一
不可。

书籍设计的创新与发展，同样是艺术与工学结合的产物，而工学与技术的
支持，则可以为"书籍设计"插上强劲的翅膀。我在设计《我们大运会》
过程中，新材料与新技术的使用，计算精准、制作精良的工学支持，使我
天马行空的创意得以很好地实现。

对于书籍设计师来说，严谨的工学修养是我们必须补上的一课。

深圳申办世界图书之都报告书

创作时间：2011

"世界图书之都"项目启动于2001年，它考查一个
城市"对每个人的尊重"和"思想的自由交流"的
程度，被公认为全世界图书与阅读最成功的项目，是
对一座城市在阅读文化上所做贡献的表彰。深圳在
2010启动申办"世界图书之都"项目。2011年设计
师参与到申办画册策划、设计、制作项目中。

不一样的精彩

2011 深圳世界大运会总结画册

创作时间：2011

设计整体延续深圳大运会运动主场馆"春茧"建筑
外观，把交织的网络格线融入外包装设计上。pvc的
全新材料的应用，通过U白、镂空、烫等不同工艺，
让小空间呈现大建筑气质。

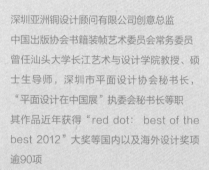

20

鞠洪深

1983 年毕业于中央工艺美术学院装潢系书籍艺术专业（获学士学位）

1983—2005 年在云南人民出版社任装帧设计室主任

2005 年至今为北方工业大学艺术学院副院长、教授、硕士生导师

中国美术家协会会员、中国书籍装帧设计家协会会员、中国第三届书籍装帧委员会委员，曾任第四届全国书籍装帧艺术展评委、第六届全国书籍装帧艺术展评委

主要著作：《徐芸·鞠洪深画集》《书籍设计——我的交流语言》

主要展览活动：1994 年访问美国，并参展美国旧金山举办的云南重彩画画展，1997 年在北京雪白画廊举办画展，1998 年在上海图书馆举办画展，1999 年赴欧洲做学术访问并在法兰克福举办设计作品展

2004 年在香港参展翻开——中国当代书籍艺术展、2006 年在北京今日美术馆参展中国当代 40 名著名书籍艺术家联展

主要获奖作品：1984 年书籍艺术作品《云南佛教艺术》（与徐芸合作）获第四届全国书籍装帧艺术展银奖

1989 年插图作品《挽歌》获第七届全国美展铜质奖

1999 年书籍艺术作品《中国名花》获第五届全国书籍装帧展（画册类）金奖

1999 年《聆听西藏》（与西里合作）获第五届全国书籍装帧展（文艺类）图书金奖

日本著名工艺美术理论家柳宗悦认为："工艺之成立取决于制作、作者和作品，在这里器物必须是人与物相结合的产物。"在这里，柳宗悦先生的这一观点，我认为，同样可以适用一个书籍设计师对书籍制作工艺要求的基本原则。对于一个有经验的书籍设计师来说，当他面对一个书籍设计案例时，除了要思考书籍文本的信息特征，如何通过视觉语言形式转换其概念，与此并行的工作就是通过特有的工艺方式，最终实现其设计理想。优秀的书籍设计师，其对工艺的要求，不仅仅是停留在实用这样一个形而下的状态，工艺手段运用得得当，他往往能够拓展信息语言的内涵和外延。换言之，工艺手段，同样蕴含着创作力和想象力的功能。

如何把握书籍信息的各种可能性

《人类最后的母系王国——中国百名画家泸沽湖摩梭文化之旅》画册的设计体会

英国著名平面设计家艾伦·弗莱彻，他诙谐地把设计师分为两种：一种，他称为自动售货型；另一种，他称为直升机型。作为书籍设计师，当面对一个设计案例时，他除了要了解书稿的相关信息外，我认为应该将自己拔高，更广泛地学习和收集与书稿直接的、间接的、当下的、背后的，视觉的、符号的、具象的、抽象的等各种形式的信息，用编辑意识将多种信息重新组合，努力展示书籍文本的最佳状态，这是一个书籍设计师该做的工作。以任何一种简单的、狭隘的方式来处理书稿文本，都会丧失书籍最具人文情结的一面。

画册《人类最后的母系王国——中国百名画家泸沽湖摩梭文化之旅》，为纳西族（摩梭人）和绍全

司令员策划邀请全国著名画家对他的家乡泸沽湖艺术之旅所见所闻的结果。本书不同于一般的画家作品集。书中除了要展现艺术家个人对事物的看法，其中，更重要的是艺术家要建立对中国西南滇川两省的交接地带，高山湖泊泸沽湖以及纳西族母系文化的认识和看法。

如何展现画册的信息特征，这是画册设计工作的要点。书籍封面，我选择横开本的形式和暗紫色的布，以此暗示纳西族居住的地理（高原湖泊）及文化特征（纳西族信奉藏传佛教）。另，用许多文字，布满整个画面，制造一种湖光涟漪的神秘气氛，这样，既保留了书籍的书卷气，同时又彰显了自然的韵致。画册的扉页、版权页、序言、目录、题词页以及艺术家活动纪实照片这些内容往往是丰富、调解、展示画册版面节奏变化的最佳条件。以上这些环节的设计，从整体上，我仍然保持横开式形式结构，以此建构以高原湖泊为自然背景的纳西族生存环境。同时，它们各自之间又有其自身的形式特点。扉页，采用横长方形横跨左右出血，在此基础上用许多纪实图片再一次组合成一条横带，让读者从整体感受

到细节品位，快速进入信息的核心。版权页，在白底上，左边密集排版的文字形成灰色地带；中间地带，各种马帮生活用具，散点的摆放方式与右边的泸沽湖地图形成呼应，以视觉的方式体现泸沽湖区域马帮文化的丰富与多样性。序言，放大的人物图像局部呈淡灰色，它们与缩小的全彩人物形成强烈的对比，以此渲染纳西族的强悍、豪迈与自信的民族性格。目录页，重新回到横长方形横跨左右出血空间形式结构。所不同的是，在白色横方形中点缀部分文字与生活用具，这种布局方式与前面的扉页有所回应，这似乎像自然节气、人类的情绪，根据事物的发展所产生的律动。

如何做一名优秀的书籍设计师，在处理书籍整体节奏的过程中，应该像艾伦·弗莱彻所倡导的，做一名直升机型的设计师，站在更高的地方，全方位把握书籍信息的各种可能性。

海洋彼岸等待着一个黑色的吻

——读乌塔、乌尔里克设计的一本概念书

阎闵

此书应 Nexus 出版公司策划的"住宅中的艺术家"活动之邀而设计。

初读此书之前不得不先了解一下"boundless"这个书名，"bound"有界限捆绑的含义，而书籍装帧的"bind"一词在英文的过去时态中恰恰也写作"bound"。于是"boundless"被设计者巧妙地赋予了"无边无际"和"无装订"的双重含义。而这个双关词直指"住宅中的艺术家"活动给设计者的命题"货船与书"。

打开银灰色函袋，里面有未经装订的 7 款折页。它们分别代表从美国纽约乘船横跨大西洋抵达德国汉堡港所需要的 7 天。一一将其打开，可见船只照片的局部画面。若按照星期日到星期一的顺序拼接起来，刚好形成一张完整的乘风破浪的航船。设计者在这一面上还相应标注了根据 GPS 测定的某日、某时、某个行驶点的经纬度数据。据乌塔女士讲述，折叠形态象征了船员翻开航海图的过程。

在这 7 款折页中，作者如同书写航海日志一般将 7 种关于货船与书的思考娓娓道来。以下为 7 款折页的内容。

装订船 / 星期日

设计者根据 20 世纪 20~80 年代欧洲印刷业者中流传的一则趣闻而进行了采访，这一页内容是采访过程中留下的电子邮件笔录。当时欧洲的印刷成本增加，不少出版社都选择在印刷价格相对低廉的亚洲印制书籍。由于大批成品书从香港通过海路返回欧洲的耗时过长，不少出版商突发奇想，即将装订机搬进船舱，把货船变成了一艘名副其实的装订船（Book Binding Ship）。但是这一行为的可行性至今备受当年参与其中的印刷业者的质疑。

德国设计师乌塔·施奈德

《无边无际——船之书》

作者＋设计：U.S.（乌塔·施奈德＋乌尔里克·施图尔茨）

Nexus+Unica T 出版

书号：ISBN 0–932526–93–4

2002 年出版

印数：1000 册

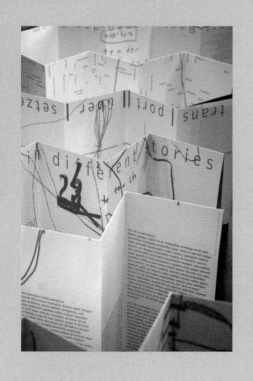

书与船 / 星期一
书和船都是容器，一个承载故事、知识与思想，一个承载人与货物。

"船"的发音与四个方向阅读 / 星期二
设计者将两组文字纵横交错排列。横向排列的是关于书承载的与关乎书本身的文字，正看如"爱、希望……"，倒看如"教科书、出版商……"纵向排列的词语包含航海所需用到的词语以及欧洲各国货船名字的拼写，同样以正反向分开阅读。有趣的是，作者在各种船名字的发音中，找到了一个共同的音节"Kall"。

海图 / 星期三
全球海图每年根据航路变化而不断更新。然而，为什么要运输？因为有需要物品的地方存在，因为人们需要告知或与他人分享的思想存在。我给予你思想，我给予你物品，同样我销售给你思想，我销售给你物品。

导航图 —— 不迟疑地航行下去 / 星期四
运输，从一个港口到另一个港口。此岸是创作者，和思想的家。思想登上纸面，从一页航行到另一页。原稿到成书，纸如海洋。读者在彼岸，思想真正着陆的地方。

古拉丁文文献中的航海注意事项节选 / 星期五
种种思想转化为书籍。在这一信息被不断运输的过程中，新世纪的电子书通过电子纸张也加入其中，这使作者联想到这样一幅画面：船成为中转站，货物不断重组，甚至文字如微尘般通过书籍重组后还诞生了新的文字。

让书与图书馆来导航 / 星期六
亚历山大大帝建立的亚历山大图书馆旨在收集全球的书籍，从异域文化认知出发进而控制其领地，足见知识的力量。在这一利益的驱动下，帝国的船只疯狂地建造，以求运回更多的书籍。书籍在运抵或装箱的过程中，又不断地被复制者。原版书虽然返回了图书馆，而它流传开来的拷贝本似乎更具价值。

字母表是一个容器，它包含一切潜在的抽象事物。而物质的容器只可以容纳物体，如果不是我们幻想，它无法容纳抽象的物体。书是一个容器，它可以以一个真实的形态容纳一切。

The story is already there

every text has to be spooned out

and stars number the pages

listen, far out the horizon

waking up in different stories

and perhaps yesterday will arrive soon

text enrolls into the night

a black kiss of printing ink

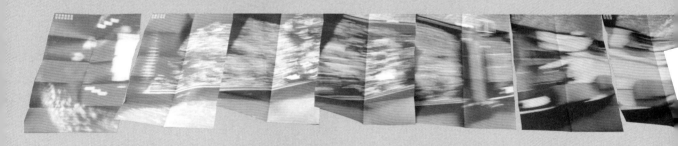

将这一面内容摊开连接起来，可以看到这样一组诗句：

故事就在那里
文字一个个被舀出
星星数着页数
听，海平面那端
不同的故事在苏醒
或许昨日就要重现
文本卷入夜晚
带来一个黑色[1]的吻

[1] 指印刷油墨。

人物志

冯彝诤

刘晓翔

冯彝诤

1952 年生于北京

中国出版协会装帧艺术委员会副主任

中国建筑工业出版社美术副编审、首席设计

中国建筑学会摄影专业委员会委员

中国书法家协会会员

获奖

1986 年获第三届全国书籍装帧艺术展三等奖

1990 年获首届全国书刊封面设计大赛三等奖

1995 年获第四届全国书籍装帧艺术展三等奖

1998 年获首届中国设计艺术大展一等奖

1998 年获装帧艺术委员会、中央各部门委员会书籍

艺术设计展银奖

1999 年获装帧艺术委员会、中央各部门委员会书籍

艺术设计展金奖、第五届全国书籍装帧艺术展银奖

1999 年获第五届全国书籍装帧艺术展铜奖

1999 年应邀参加台北华人书籍设计名家邀请展

2003 年获第六届国家图书奖、荣誉奖

2004 年获第六届全国书籍装帧艺术展三等奖

2005 年获第二届全国优秀图书奖三等奖

2006 年参加当代中国书籍设计家邀请展

2009 年获第七届全国书籍装帧艺术展最佳图书设计奖

书籍设计作品多次在中外专业设计年鉴或刊物上刊登介绍

与冯彝诤相识是在新闻出版署举办的第一届出版社美编电脑培训班上。那时，我正在为是否还从事设计这行而挣扎……美编在出版社就像使唤丫头，对于设计是没有什么话语权的。与其这样子在出版社混下去，不如干脆一走了之，另觅他处重拾自己的梦想。

虽然说刚刚相识，彝诤兄还是以他自己的经历对我这个马上要当逃兵的小兄弟谆谆教诲，让我认识到在要求地位的同时先看看自己做了什么。从此，彝诤兄于我亦师亦友，引导我走上了设计之路。

彝诤兄在我们相识时已颇有成就，他的作品多次在全国书籍装帧艺术展及各种展览上获得多种奖项，成为建筑工业出版社美编室的优秀导师和年轻同事效仿的榜样。他的设计为建筑类书籍提供了一种范式，深刻地影响了建工社的书籍设计。1998 年，他设计的《日本著名建筑事务所代表作品集》，在黑色的整体基调上运用设计和工艺相结合的手法，区分出了不同层次

的黑，既细腻微妙又气象庄严，让人印象深刻。这件
作品获得了第五届全国书籍装帧艺术展中央展区金奖
和全国展银奖。之后，彝诤兄在 2004 年的六展上再次
获奖，《深圳会议展览中心建筑设计国际竞标方案展》
用黑、白、红三色，为读者演绎了简洁中的精彩。

彝诤兄创作的《建筑师》丛书则开创性地将广告语按
册用颜色区分，包在白色封面上，不但不突兀，反而
成了书籍的一部分。"建筑师"三字经过设计，在封
面的左上角形成如建筑般的凝重黑色快，丛书中文
名、英文名及本册书名就像人群一样排着队从建筑物
中或进或出而妙趣横生，小中见大地赋予设计人文关
怀。这件作品荣获 2009 年七展社科类最佳设计奖。

彝诤兄写得一笔好书法，是中国书法家协会会员。由
此常常将书法运用于设计之中，使本来"坚硬"的建
筑类图书增添了些许柔软，有了生活的味道。

连续三次在"全国书籍设计艺术展"上获奖，是一种
对心中理想的恒久守望，体现了他对书籍设计艺术
的不懈追求，为我等后生在这条路上走下去树立了
典范。

2

3

4

1《日本著名建筑事务所代表作品集》

2《自然与人文的对话——杭州西湖综合整治保护实录》

3《深圳大学城校园规划及建筑设计图集》

4《建筑师》丛书

5《建筑师》

6《园林古韵》

7《芬兰现代家具》

8《广州陈氏书院实录》

书籍设计新资讯

"无量心界——书籍设计家吾要（嘎玛·多吉次仁）作品展"在北京雅昌艺术中心和"敬人纸语"举办

2012年7月9日至7月28日，"无量心界——书籍设计家吾要（嘎玛·多吉次仁）作品展"在北京雅昌艺术中心举办。本次展览展出了吾要纸上绘画作品和书籍设计作品，藏族女歌手央吉玛在开幕式上为来宾演唱。8月1日至9月15日，展览移至"敬人纸语"继续展出，并于8月18日下午举办了吾要与设计界、文化界来宾的对话活动。

"中韩图书对话——图书制作与城市建设"在新国展举行

今年北京国际图书博览会期间，应韩国坡州书城邀请，中国出版人、设计师与李起雄先生率领的韩国坡州书城数十家出版社的出版人及设计师在主宾国韩国馆围绕"图书制作与城市建设"进行了对话与交流。中方出席对谈的有人民美术出版社社长汪家明、版协艺委会主任胡守文、时尚廊书店总经理许志强、清华大学教授吕敬人及设计师吴勇等。对谈前，坡州书城方面为中国嘉宾详细介绍了书城的建设、规划情况。

"艺术 × 工学 = 设计^2——2012中国当代书籍设计艺术展"在新国展展出

中国国际图书博览会期间，应组委会邀请，中国出版协会装帧艺术工作委员会与雅昌企业（集团）有限公司合作，成功举办了"艺术 × 工学 = 设计^2——2012中国当代书籍设计艺术展"，受到出版人、读者及书籍艺术爱好者一致好评，详见本期专题。

国际藏书票联盟大会及第34届国际藏书票双年展在芬兰的度假胜地楠塔利开幕，中国设计家吾要获四等奖

2012年8月13日，两年一次的国际藏书票联盟大会及第34届国际藏书票双年展在芬兰的度假胜地楠塔利开幕。本次展会共有41个国家和地区的553位艺术家的1768幅作品参展，这是一个国际藏书票艺术家的盛会。大展产生一、二、三等奖各一名，分别由日本艺术家Tomura Shigeki、法国艺术家Hlodec Elena和波兰艺术家Pasztula Krzysztof获得；4等奖3名，分别由阿尔及利亚艺术家Kleiner Diana、芬兰艺术家Laine Janne和中国艺术家吾要获得；五等奖5名，中国有4位获得者；六等奖10名，中国有5位获得者。另提名奖12名，荣誉奖10名。在6个奖级21名获奖者中，有10名中国人获此殊荣，显示了中国藏书票艺术家近年来整体水平的提升。

本次国际藏书票大会上通过各国藏书票协会的选举，将于2014年4月和2016年分别在西班牙和俄罗斯举办第35届、第36届国际藏书票双年展和藏书票大会。

2008年曾由中国美术家协会藏书票研究会在北京中华世纪坛成功举办第32届国际藏书票双年展，受到了国内外艺术家的高度赞誉，并产生了良好的国际影响，促进了国际间的文化交流，增加了中国藏书票艺术家与爱好者走向国际的机缘。

蓝天特纸
SKY PAPER
a particularly beautiful paper

旗下产品

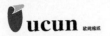

TWINSPEARL／**亮荧双面闪亮纸**

GILBERT 坚霸雅式再造纸

  LJLS 丽晶PET拉丝纹

 LJLS 麗晶磨沙紋

  LJLS 麗晶拉絲紋

StarPoint 星点纸

   touch128 触感128

 渲染色卡 Xuanlanseka

曼雅环保纸
Art Charming Paper

 ucun 皇朝纹

欧纯彩印　OC
清雅环保　QY

 優麗特賈花紋紙
PhoeniXmotion
Premium Coated Fancy Paper

 sundance / 晨采花纹纸 Star Dream / Ideas for your work SO...WôôL / 羊毛纸

SO...JEANS / 牛仔纸 SO...SiLK / 丝绸纸 moondream / 月影纸

合作伙伴

 Polytrade Paper 友邦洋纸

 PAPERAINBOW®

 BLUE SEA 碧海纸业
SEA PAPER
High printing paper manufacturers

 Scheufelen

 N NEENAH PAPER

 CordenonS
ImpressivePapers

关于我们

"蓝天特纸"是浙江蓝碧源控股集团有限公司旗下专业销售国内外特种艺术纸的知名企业，一贯致力于高、中端产品的推广，是意大利CORDENONS、德国SCHEUFELEN、美国NEENAD PAPER 部分系列产品以及中法合资浙江碧海实业公司产品在中国地区的总代理，也是目前国内最具影响力的特种艺术纸销售商之一。

我公司在上海、南京、北京、苏州、杭州、嘉兴等地设有分公司和办事机构。同时，我们的系列产品在成都、重庆、郑州、长沙、武汉、西安、哈尔滨、广州、深圳、昆明、南宁、兰州、石狮、温州、宁波以及香港等地都设有代理商，产品行销全国各地和海外市场。

纸作为一种文化传播的载体，随着社会的进步和经济的发展也被赋予了更丰富的内涵。特种艺术纸丰富了人们的视觉享受和生活情趣，因而成为广告、设计、包装、出版、文化商务等诸多方面不可或缺的媒介产品。

追求一流的品质，向客户提供广受欢迎的优质特种艺术纸，已成为我们的使命和职责。

绿色环保不仅是行业和社会的需要，更是企业的责任。我公司率先在国内引进特种艺术纸系列绿色环保产品，同时，我们也通过了FSC 森林管理委员会的认证，并根据产销监管链的要求严格执行于日常的销售中，使之更符合社会和时代的要求。

因为专一，所以专业。为适应众多客户策划和提升企业形象的需要，我公司根据国外先进的 Full Service 服务模式，提出了把"品质服务融入营销过程"的全新特种艺术纸推广理念，利用自身的优势，从客户的需求整合到品种选择、品质和流程监管、价格核算以及产品检验跟踪，为客户提供资深、专业的全方位服务，以满足客户的各种需求。

杭州分公司：
杭州蓝天印刷技术开发有限公司
地址：杭州市莫干山路 789 号美都广场 E 座 16-17 号商铺
电话：（+86）0571-85300992
传真：（+86）0571-85304663

上海分公司：
上海蓝业印刷物资有限公司
地址：上海市普陀区真南路 1051 弄 6-102 室

电话：（+86）021-66081552
传真：（+86）021-66083089

南京分公司：
杭州蓝天印刷技术开发有限公司南京分公司
地址：南京市秦淮区大明路 135-4 号
电话：（+86）025-84637002
传真：（+86）025-84630610

北京办事处：
杭州蓝天印刷技术开发有限公司北京办事处
地址：北京市朝阳区大鲁店北路铂城湾食街甲 2-1 号
电话：（+86）010-62367658
传真：（+86）010-62369416

苏州办事处：
杭州蓝天印刷技术开发有限公司苏州办事处
地址：苏州市沧浪区胥江路 129 号
电话：（+86）0512-68125573
传真：（+86）0512-65828122

嘉兴分公司：
杭州蓝天印刷技术开发有限公司嘉兴分公司
地址：嘉兴市新气象路 764 号
电话：（+86）0573-82218917
传真：（+86）0573-82219917